中等职业教育农业农村部"十三五"规划教材

CHITANG YANGYU

池塘养鱼

权可艳　主编

U0208468

中国农业出版社

内 容 简 介

　　本教材是全国中等农业职业学校水产养殖类专业必修课教材，围绕"培养具有一定文化基础知识和综合职业能力，在生产、服务、技术和管理第一线工作的高素质劳动者和中初级专门人才"的目标，以"淡水水生动物苗种繁育工""成鱼饲养工"工种三级岗位为培养方向，重点介绍池塘养鱼基础理论和通用技术。全书共分池塘养鱼基础、鱼类人工繁殖、苗种培育、食用鱼饲养、稻田养鱼、活鱼运输、鱼类越冬等7个模块。各模块以学习目标、基础知识、岗位技能、实训、综合测试将教学内容融为一体。内容翔实、图文并茂、结构合理、理论适度，实践性强，既可作为中职相关专业教材，也可供池塘养鱼员工使用。

主　编　权可艳

副主编　吴　朝

编　者（按姓名笔画排序）

　　　　权可艳（四川省水产学校）

　　　　吴　朝（安徽生物工程学校）

　　　　潘基桂（广西柳州畜牧兽医学校）

审　稿　戈贤平（中国水产科学研究院淡水渔业研究中心）

　　本教材是按照《国务院关于大力发展职业教育的决定》（国发〔2005〕35号）、《教育部关于进一步深化中等职业教育教学改革的若干意见》（教职成〔2008〕8号）、《国家中长期教育改革和发展规划纲要（2010—2020年）》《中等职业教育改革创新行动计划（2010—2012）》等文件的精神，中等职业教育教学特点和池塘养鱼生产实际而编写的。

　　本教材重点介绍了池塘养鱼基础理论和通用技术。全书共分池塘养鱼基础、鱼类人工繁殖、苗种培育、食用鱼饲养、稻田养鱼、活鱼运输、鱼类越冬等7个模块。

　　本教材由权可艳任主编，吴朝任副主编，全书由权可艳统稿。绪论、模块三苗种培育、模块五稻田养鱼、模块六活鱼运输、模块七鱼类越冬由权可艳编写；模块二鱼类人工繁殖由潘基桂编写；模块一池塘养鱼基础、模块四食用鱼饲养由吴朝编写。在书稿编写过程中，得到了国家大宗淡水鱼类产业技术体系和农业部公益性科研专项（201203081）"稻—渔"耦合养殖技术研究与示范项目的大力支持，在此一并致谢。

　　由于编者水平有限，书中错误和不妥之处在所难免，恳请读者批评指正。

编　者
2014年4月

绪　论

一、池塘养鱼的特点与意义

池塘一般是指人工修建或天然形成的面积在 $7hm^2$ 以内的水体。利用池塘进行养鱼生产和繁育的技术与管理工作，就是池塘养鱼。

池塘养鱼是我国淡水养殖的重要组成部分，在淡水养殖中占有举足轻重的地位。2011年，全国淡水池塘养殖面积为 245 万 hm^2，占淡水养殖总面积的 35.3%；产量1 743.5万 t，占淡水养殖产量的 70%。

由于池塘面积小，便于控制和科学管理，有利于采取综合高产技术进行精养，因而具有产量高、饲料转化率高、资金周转快、收益大、生产稳定等特点，易于在全国范围内广泛开展。池塘养鱼对调整农业产业和经济结构意义重大，是农业增效、农民增收的重要环节。

凡是生长迅速、肉质好、苗种易得、饲料容易解决、适应性强的鱼类，均可在池塘中养殖。池塘养鱼生产过程一般分为 4 个阶段，即获得鱼苗（人工繁殖是我国目前获得鱼苗的主要方式，也有部分鱼苗仅靠在天然水域中捕捞，如日本鳗鲡）、苗种培育、食用鱼养殖、亲鱼选择和培育。

我国是一个水资源匮乏的国家，利用江河、湖泊、水库等大水体开展淡水养殖对生态环境的影响已逐渐显露，环境友好与可持续发展成为淡水渔业的发展趋势，生态优先已成为水产养殖业发展的前提。今后主要依靠提高池塘单位面积产量来满足人们对水产品日益增长的需要，因此，淡水池塘养殖业今后仍将有大的发展。

二、我国池塘养鱼的历史与现状

我国是世界上淡水养鱼发展最早的国家，早在3 000多年前的殷商时期就开始了池塘养鱼。到战国时期，池塘养鱼已有一定的发展，养鱼技术也有了一定的提高，当时太湖四周都盛行养鱼。前 460 年左右，越国大夫范蠡总结了群众养鲤经验，写出了著名的《养鱼经》，这是我国最古老的养鱼书籍，也是世界上最早的养鱼文献之一。

秦汉时期，养鲤业更加普遍盛行，除池塘养鱼外，还开始了稻田养鱼和大水面养鱼。

唐代，因鲤与李同音有违李姓尊严，而用法律禁止食用鲤，此禁忌长达 300 年之久，鲤养殖业受到了极大影响。另一方面，由于生产力发展，人们不满足于养殖单一品种，开发其他鱼类的养殖成为必然趋势。青鱼、草鱼、鲢、鳙的养殖逐渐得到发展。从单一养殖种类发展到多种鱼类混养是我国池塘养殖历史上的重大转折，我国的养鱼业发展到了一个新阶段。

宋代，长江和珠江流域开始了青鱼、草鱼、鲢、鳙"四大家鱼"鱼苗的张网捕捞并贩运到各地养殖。当时鱼苗的张捕、运输和养殖已经很发达。宋朝还开始了中国特有的观赏鱼——金鱼的养殖，中国成为金鱼的故乡。

明代，我国的池塘养鱼有了很大进展，养殖技术更为全面，生产经验也更为丰富。黄省曾的《养鱼经》和徐光启的《农政全书》，对养鱼的全过程，包括鱼池的构造、放养密度、混养、轮养、投饵施肥、鱼病防治等均有详细的论述，对养殖青鱼、草鱼、鲢、鳙的方法记载得更为完整。这时，我国的池塘养鱼已从粗养逐步向精养发展。

清代，养鱼以长江三角洲和珠江三角洲最为发达。养殖技术主要在鱼苗饲养方面有了一定发展。在屈大均的《广东新语》中，对鱼苗的生产季节、鱼苗习性、鱼苗的过筛分类方法和运输等，都有较详细的记载。

清代后期及民国时期，我国劳动人民饱受战争之苦，渔业没有得到应有的发展。新中国成立前，我国淡水渔业产量只有 15 万 t。

新中国成立后，党和政府加强了对水产事业的领导，并采取了一系列措施，我国渔业很快得到了发展。养殖地区方面，除了长江、珠江下游养殖发达区域外，全国各省、自治区、直辖市均开展了水产养殖，池塘养殖成为淡水养殖的主要方式；在鱼类养殖科学技术方面，也取得了很大的成就。1958 年，池养鲢、鳙人工繁殖获得成功。此后，草鱼、鲮、青鱼人工繁殖相继成功，这是我国水产科学上的一项重大技术突破。从此，结束了我国池塘养鱼靠捕捞天然鱼苗的历史，做到能够人工控制，有计划地进行生产；此外，我国渔业科技工作者总结了群众积累多年的养鱼经验，概括了"水""种""饵""密""混""轮""防""管"的八字精养法，并用其指导池塘养鱼生产，大大促进了池塘单位面积鱼产量的提高。

20 世纪 80 年代末期，由于饲料工业的发展与推广，利用颗粒饲料进行鱼类的饲养推动了池塘养鱼的发展，全国各地池塘养鱼产量大幅度地提高。目前，新品种引进及杂交育种工作也得到了长足发展。在养殖品种上，由原来的青鱼、草鱼、鲢、鳙、鲤、鲫、鲂、鲮等大宗淡水鱼类为主要养殖对象，发展为"名""特""优""新"鱼类养殖。除将我国江河名优鱼类驯化到池塘中养殖外，还引入国外优良品种，如罗非鱼、虹鳟、加州鲈等。池塘混养除鱼类外，还发展了鱼与虾、蟹、龟、鳖、蛙等立体混养。

目前，中国已成为水产养殖大国，无论养殖的面积和总产量都居世界领先地位。但是，我国池塘养鱼在发展过程中还存在一些问题。主要表现在：

（1）养殖生产基础条件差，配套程度不高，存在标准低、设备落后的问题，影响了对病害、水质环境和产品质量等控制措施的实施。

（2）养殖管理水平不高，重产量，轻质量。高密度精养带来的养殖水体富营养化污染较为严重，养殖废水对环境造成巨大压力。水产品质量安全存在较大的隐患，疾病防控体系尚待进一步健全。

（3）种苗问题突出，青鱼、草鱼、鲢、鳙"四大家鱼"所用的亲本没有进行及时更新，近亲繁殖现象严重，原种性状退化，致使其生产性能下降；以鲤、鲫等为代表的鱼类因品种之间很容易相互杂交，种质混杂比较严重。

（4）生产经营规模小，产业化程度不高，市场竞争力不强，难以形成优势水产品。

（5）淡水水产品加工业发展滞后。尽管内陆水产品产量占水产品总产量的比重高达40%以上，内陆水产品加工业在整个水产品加工业中力量却非常薄弱，内陆水产品加工量占总加工量的比重不足 10%；开发的产品主要是传统产品；以初级加工为主，精深加工、技术含量高的产品少，产品附加值和利润率低；质量参差不齐；产品主要在国内销售，出口产品少。

三、我国池塘养鱼的发展趋势

我国池塘养鱼的发展，经历了从粗放粗养到精养再到全封闭、循环水工厂化养殖的过程。近年来，我国水产业逐步融入到国际化竞争中来，养鱼发展迎来了新的机遇和挑战。为了适应新的形势，在国际竞争中立于不败之地，从总的趋势看，我国的池塘养鱼必将朝着资源节约、环境友好、产业化、智能化、信息化、标准化和优质化方向发展。

1. 建设资源节约型、环境友好型渔业　资源、水环境是影响水产养殖业发展的重要因素。改革开放以来，我国水产养殖业取得了举世瞩目的成就，特别是池塘养鱼产量数以倍计的增长。但在实现产量倍增的同时也付出了较大的资源和环境代价，主要表现为：池塘水域生态环境污染状况不断加重，疫病频繁发生，水域生态遭到破坏，养殖业经济损失日益增大。同时，水产品质量安全也严重威胁人类健康。建设资源节约、环境友好型水产养殖业，对我们这样一个生物资源和水资源都十分紧缺的国家来说，尤为重要。因此，推行池塘健康养殖技术，加强池塘水域生态修复技术研究，大力推广节水减排高效养殖模式和工厂化养殖技术，是池塘养鱼发展的必然趋势。

2. 池塘养鱼的集约化、产业化发展　要提高我国池塘养鱼在国际竞争中的地位，应对市场风险，池塘养鱼将逐渐改变分散的、小规模的家庭式生产模式，建立渔户承包、区域联片、专业合作、一体化经营的生产模式，以提高资源的利用率，增强池塘养鱼竞争力。

3. 池塘养鱼的智能化、标准化发展　凭经验进行池塘养鱼生产具有一定的盲目性，科技含量相对不足，已经不能适应现代渔业的发展需要。将国内外先进的养殖技术、新品种、新设备、新工艺充分应用到池塘养鱼生产中来，在对池塘各种因子进行质和量的科学分析评估的基础上进行鱼类的养殖生产，不断提高池塘养鱼的科技水平，这是池塘养鱼发展的必由之路。目前，鱼病防治在线诊断技术、水质在线监测及预警、池塘养殖精准化投喂技术等相继在池塘养殖中应用，大大提高了池塘养殖的智能化水平。

水产标准化是农业标准化的重要组成部分。我国的水产标准化工作起始于20世纪60年代，最先在渔船、渔业机械、仪器、渔具等方面开展，随后逐步扩展到水产品加工和水产养殖方面。经过多年的发展，水产专业各类标准的数量不断增加，标准水平不断提高，建立了比较健全和完善的管理机制和相应的规章制度。水产标准化体系从无到有，逐步走向健全，为渔业组织生产、进行科学管理、开展贸易活动提供准则和依据，使生产的各个主要环节有标可依，更加规范。

模块一　池塘养鱼基础

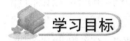

　　了解养鱼池塘的基本条件；了解养殖鱼类选择的基本原则；掌握池塘改造和池塘水环境改良的基本方法。

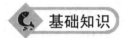

主要养殖鱼类

一、养殖鱼类的选择

　　正确选择养殖鱼类的品种，是池塘养鱼获得成功的先决条件之一。不同种类的鱼在相同的饲养条件下，其产量和产值有明显的差异。选择一个合适的优良品种，可获得增产、增效，提高品质。确定养殖鱼类，应依据的标准和考虑的条件有以下几个方面：

　　1. 具有良好的生产性能　生产性能即与生产有关的生物学特性，是选择养殖鱼类的重要技术指标。鱼类的生长速度快、食物链短、饵料的转化效率高等性状，可降低成本。生长速度快，在较短的时间内可达到上市规格；食物链越短，能量的转化率越高，获得高产的可能性越大（如鲢）；食性或食谱广，饵料来源丰富，饲料容易获得，可进行规模化养殖。

　　2. 对水域环境适应能力强　对水温、溶解氧（低氧）、盐度、肥水的适应能力强与抗病能力强的鱼类，为高密度混养、提高成活率创造了良好的条件。

　　3. 具有良好的经济效益、社会效益和生态效益　鱼产品的价格和销路，是选择养殖鱼类的首要依据。应根据市场需求，确定合适的养殖对象和养殖数量。

　　养殖的鱼类除具有肉味美、营养价值高、群众喜欢食用的特点，还应考虑生活水平的提高，人们对水产品的品质要求也越来越高，必须增加"名、特、优、新"水产品养殖种类和数量。养殖品种不仅要求产量高，还要求品质优。

　　选择的养殖对象应具有：能充分利用自然资源，节约能源，循环利用废物，提高水体利用率和生产力，改善水环境等特性。通过混养搭配、提供合适的饵料等措施，保持养殖水体和生态平衡，提高生态效率，促使养殖生产持续稳定发展。

二、主要养殖鱼类的生物学特性

　　目前，我国淡水池塘饲养的鱼类有数十种，如鲟形目：史氏鲟、俄罗斯鲟、西伯利亚鲟、鳇等；鲱形目：遮目鱼、虹鳟、高白鲑、公鱼、香鱼等；鲤形目：青鱼、草鱼、鲢、鳙、鲤、鲫、鲮、鳊、鲂、银鲴、黄尾鲴、细鳞斜颌鲴、泥鳅、淡水白鲳等；鲇形目：南方鲇、革胡子鲇、云斑鮰、斑点叉尾鮰、长吻鮠、黄颡鱼等；合鳃目：黄鳝；鲻形目：鲛、鲻等；鳗鲡目：鳗鲡；鲈形目：鳜、罗非鱼、尖塘鳢、加州鲈、蓝鳃太阳鱼、乌鳢、斑鳢等。其中，我国池塘养殖的大宗淡水鱼类主要包括青鱼、草鱼、鲢、鳙、鲤、鲫和鲂等7个种类。青鱼、草鱼、鲢、鳙合称为"四大家鱼"。

1. 青鱼 青鱼也称螺蛳青、乌青和青鲩（图1-1），为底层鱼类。体长筒形，吻较尖，下咽齿1行，4枚，呈臼齿状。为大型经济鱼类，生长迅速，3年鱼可长至3.5～4kg。最大可达70kg。主要生活在江河深水段，喜活动于水的下层以及水流较急的区域，喜食黄蚬、湖沼腹蛤和螺类等软体动物。10cm以下的幼鱼，以枝角类、轮虫和水生昆虫为食物；15cm以上的个体，开始摄食幼小而壳薄的蚬螺等。冬季在深潭越冬，春天游至急流处产卵。

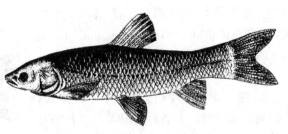

图1-1 青 鱼
（引自戈贤平，《池塘养鱼》，2009）

2. 草鱼 草鱼俗称草鲩、混子、草混和草青（图1-2）。体型与青鱼相仿，吻略钝，下咽齿2行，呈梳形。为典型的草食性鱼类，以水草、萍类为食。为大型经济鱼类，生长迅速，3年鱼可达5kg。草鱼喜栖居于江河、湖泊等水域的中下层和近岸多水草区域。具河湖洄游习性，性成熟个体在江河流水中产卵，产卵后的亲鱼和幼鱼进入支流及通江湖泊中。通常，在被水淹没的浅滩草地和泛水区域以及干支流附属水体摄食育肥。冬季则在干流或湖泊的深水处越冬。草鱼性情活泼，游泳迅速，常成群觅食，性贪食。

图1-2 草 鱼

图1-3 鲢

3. 鲢 鲢俗称白鲢、鲢子（图1-3）。头大，吻钝圆，口宽，眼位于头侧下半部，眼间距宽。鳃耙特化，彼此联合成多孔的膜质片，有螺旋形的鳃上器。鳞细小，胸鳍末端不达腹鳍基部。腹部狭窄，自喉部至肛门有发达的腹棱。鲢体银白色，头、体背部较暗色，偶鳍灰白色，背鳍和尾鳍边缘黑色，栖息于大型河流或湖泊的上层水域，性活泼，善跳跃，稍受惊动即四处逃窜，终生以浮游生物为食。幼体主食轮虫、枝角类和桡足类等浮游动物，成体则滤食硅藻、绿藻等浮游植物兼食浮游动物等，可用于降低湖泊水库富营养化。生长快，2～3年鱼体重可由1kg增长到4kg，最大可达100cm，通常为50～70cm。

4. 鳙 鳙俗称花鲢、黄鲢、胖头鱼（图1-4）。头很大，几乎占身体长的1/3。吻宽，口大。眼位于头侧下半部。鳃耙呈页状，但不联合。具螺旋形的鳃上器。鳞细小，胸鳍末端超过腹鳍基部。自腹鳍至肛门有狭窄的腹棱。鳙体背侧部灰黑色，间有浅黄色泽，腹部银白色，体侧有许多不规则黑色斑点，各鳍灰白色并有许多黑斑。鳙生活于水域的中上层，性温和，行动缓慢，不善跳跃。在天然水域中，数量少于鲢。平时生活于湖内敞水区和有流水的港湾内，冬季在深水区越冬。终生摄食浮游动物，兼食部分浮游植物。生长快，1龄鱼体重0.5～1kg，一般3龄可长到5kg以上。个体大，最大个体重达35～40kg。

图1-4　鳙

5. **鲤**　鲤也称鲤拐子、鲤子。体长，略侧扁。须2对。下咽齿呈臼齿形。背鳍基部较长。背鳍、臀鳍均具有粗壮的、带锯齿的硬刺。鲤体背部暗黑色，体侧暗黄色，腹部黄白色。尾鳍下叶橘红色，胸鳍、腹鳍和臀鳍黄色。多栖息于底质松软、水草丛生的水体。杂食性，成鱼喜食螺、蚌、蚬等软体动物，仔鲤摄食轮虫、枝角类等浮游生物，体长15～20mm以上个体，改食寡毛类和水生昆虫等。适应性强，能耐寒、耐碱、耐缺氧，可在各种水域中生活。为广布性鱼类，个体大，生长较快。鲤品种多，目前经过人工选育的鲤优良品种有福瑞鲤（图1-5）和松蒲镜鲤（图1-6）等。

图1-5　福瑞鲤

图1-6　松浦镜鲤

6. **鲫**　鲫也称鲫瓜子、鲫拐子、鲫壳子、河鲫，为我国重要食用鱼类之一。体型似鲤，体侧扁而高，头较小，吻钝，无须。下咽齿侧扁。背鳍基部较短。背鳍、臀鳍具粗壮的、带锯齿的硬刺。属底层鱼类，适应性很强，为广布、广适性鱼类。鲫属杂食性鱼，主食植物性食物，鱼苗期食浮游生物及底栖动物。鲫繁殖力强，性成熟早，一般2冬龄性成熟，是中小型鱼类。生长较慢，一般在250g以下，大的可达1 250g左右。鲫自然品种多，经过人工选育的鲫优良品种主要有异育银鲫"中科3号"（图1-7）、湘云鲫（图1-8）等。

图1-7　异育银鲫"中科3号"
（引自戈贤平，《池塘养鱼》，2009）

7. **团头鲂**　团头鲂也称武昌鱼。头短小呈三角形。口小，无须，体高而短，甚为侧扁，体型呈菱形。腹棱不完全，自腹鳍至

图1-8　湘云鲫
（引自戈贤平，《池塘养鱼》，2009）

肛门。喜生活在湖泊有沉水植物敞水区区域的中下层，性温和，草食性，因此有"草鳊"之称。幼鱼以浮游动物为主食，成鱼则以水生植物为主食。团头鲂生长较快，100～135mm的幼鱼经过1年饲养，可长到0.5kg左右，最大体长可达3.5～4.0kg。由于团头鲂生长快，抗病力强，成活率高，个体大，并可在静水中生长繁殖等，故被认为是优良的养殖对象。经过人工选育的优良团头鲂品种有团头鲂"浦江1号"（图1-9）。

图1-9　团头鲂"浦江1号"
（引自戈贤平，《池塘养鱼》，2009）

8. 鲮　身体延长，腹部圆，头短小，吻圆钝（图1-10）。须2对，吻须较明显，颌须短小。主要以藻类为食，也食一些碎屑。喜栖息于水温较高的地区，为中下层鱼类。主要分布在珠江水系、海南岛等处。繁殖期为4～7月，产漂流性卵，受精卵顺水漂流发育。

图1-10　鲮

三、池塘养鱼的基本条件

池塘是鱼类栖息和生长的环境，又是鱼类天然饵料的生产基地，也是有机物氧化分解的场所，3个功能在同一个池塘中发挥作用。因此，在人工饲养的条件下，池塘条件的好坏对能否获得高产、稳产起决定性的作用。

池塘的条件是非常复杂的，其中对鱼类影响较大的主要因素有水的容积、温度、透明度、溶解气体、pH、营养盐类、溶解有机质、饵料生物、病虫害等。处理好以上因素对鱼类的影响，选择一个良好的场址，建一个标准化的池塘及进行科学管理，使这些因素适合鱼类和饵料生物的生长，池塘养殖才有高产、稳产的可靠保障。

（一）渔场的基本条件

1. 规划要求　新建池塘养殖场时，应首先了解当地政府的区域规划发展计划，了解是否允许开展池塘养殖。若规划中不允许进行池塘养殖，则不考虑在此地建场；对于已存在的池塘养殖场，应考虑转变生产方式或停产。对于可开展池塘养殖的地区，要认真调研当地社会、经济、环境等发展的需要，合理地确定池塘养殖场的规模和养殖品种等。

2. 自然条件　新建池塘养殖场要充分考虑建设地区的水文、水质、气候等因素。养殖场的建设规模、建设标准以及养殖品种和养殖方式，也应结合当地的自然条件来决定。

在规划设计养殖场时，要充分勘查了解规划建设区的地形、水利等条件，有条件的地区可以充分考虑利用地势自流进排水，以节约动力提水所增加的电力成本。规划建设养殖场时还应考虑洪涝、台风等灾害因素的影响，在设计养殖场进排水渠道、池塘塘坝、房屋等建筑物时，应注意考虑排涝、防风等问题。

北方地区在规划建设水产养殖场时，需要考虑寒冷、冰雪等对养殖设施的破坏，在建设渠道、护坡、路基等时应考虑防寒措施。

南方地区在规划建设水产养殖场时，既要考虑夏季高温气候对养殖设施的影响，又要考虑突发冰雪灾害天气对养殖设施的影响。

3. 水源、水质条件　新建池塘养殖场要充分考虑养殖用水的水源、水质条件。水源分为地面水源和地下水源，无论是采用哪种水源，一般应选择在水量丰足、水质良好的地区建场。水产养殖场的规模和养殖品种，要结合水源情况来决定。采用河水或水库水作为养殖水源，要设置防止野杂鱼类进入的设施，并考虑周边水环境污染可能带来的影响。使用地下水作为水源时，要考虑供水量是否满足养殖需求，供水量的大小一般要求在 10d 左右能够把池塘注满为宜。

选择养殖水源时，还应考虑工程施工等方面的问题。利用河流作为水源时，需要考虑是否筑坝拦水；利用山溪水流时，要考虑是否建造沉沙排淤等设施。

水产养殖场的取水口应建在上游部位，排水口建在下游部位，要防止养殖场排放水流入进水口。

水质对于养殖生产影响很大，养殖用水的水质必须符合《渔业水质标准》（GB 11607—1989）的规定。对于部分指标或阶段性指标不符合规定的养殖水源，应考虑建设源水处理设施，并计算相应设施设备的建设和运行成本。

4. 土壤、土质　在规划建设养殖场时，要充分调查了解当地的土壤、土质状况，不同的土壤和土质对养殖场的建设成本和养殖效果影响很大。

池塘土壤要求保水力强，最好选择黏质土或壤土、沙壤土的场地建设池塘。这些土壤建塘不易透水渗漏，筑基后也不易坍塌。

沙质土或含腐殖质较多的土壤，保水力差，做池埂时容易渗漏、崩塌，不宜建塘。含铁质过多的赤褐色土壤，浸水后会不断释放出赤色浸出物，对鱼类生长不利，也不适宜建设池塘。pH 低于 5 或高于 9.5 的土壤地区不适宜挖塘（表 1-1）。

表 1-1　土壤分类表

（引自戈贤平，《池塘养鱼》，2009）

基本土名	黏粒含量（%）	亚类土名
黏土	>30	重黏土、黏土、粉质黏土、沙质黏土
壤土	30～10	重壤土、中壤土、轻壤土、重粉质壤土、轻粉质壤土
沙壤土	10～3	
沙土	<3	
粉土	黏粒<3，沙粒<10	重沙壤土、轻沙壤土、重粉质沙壤土、轻粉质沙壤土
砾质土	沙粒含量 10～50	沙土、粉沙

注：黏粒：粒径<0.005mm；沙粒：粒径 0.005～2mm。

5. 道路、交通、电力、通信等基础条件　水产养殖场需要有良好的道路、交通、电力、通信、供水等基础条件。新建、改建养殖场最好选择在"三通一平"的地方建场，如果不具备以上基础条件，应考虑这些基础条件的建设成本，避免因基础条件不足影响到养殖场的生产发展。

（二）鱼池的种类、规格

池塘是养殖场的主体部分。按照养殖功能分，有亲鱼池、鱼苗池、鱼种池和成鱼池（食用鱼饲养池）等。池塘面积一般占养殖场面积的 65%～75%。各类池塘所占的比例，一般按照养殖模式、养殖特点、品种等来确定（表1-2）。

表1-2 不同类型池塘规格参考表

类型	规格				
	面积（m²）	池深（m）	水深（m）	长宽比	备注
鱼苗池	667～1 334	1.5～2.0	1.2～1.5	2：1	可兼作鱼种池
鱼种池	1 334～3 335	2.0～2.5	1.5～2.0	（2～3）：1	
成鱼池	3 335～13 350	2.5～3.0	2.0～2.5	（3～4）：1	
亲鱼池	2 000～4 000	2.5～3.5	2.0～3.0	（2～3）：1	应接近产卵池
越冬池	1 335～6 667	3.0～4.0	≥3.0	（2～4）：1	应靠近水源

（三）池塘的一般参数

1. 池塘形状　池塘形状主要取决于地形、养殖品种等要求。一般为长方形，也有圆形、正方形、多角形的池塘。长方形池塘的长宽比一般为（2～4）：1。长宽比大的池塘，水流状态较好，管理操作方便；长宽比小的池塘，池内水流状态较差，存在较大死角和死区，不利于养殖生产。池塘的朝向应结合场地的地形、水文、风向等因素，尽量使池面充分接受阳光照射，满足水中天然饵料的生长需要。池塘朝向也要考虑是否有利于风力搅动水面，增加溶解氧。在山区建造养殖场，应根据地形选择背山向阳的位置。

2. 池塘面积、深度　池塘的面积取决于养殖模式、品种、池塘类型、结构等。面积较大的池塘建设成本低，但不利于生产操作，进排水也不方便；面积较小的池塘建设成本高，便于操作，但水面小，风力增氧、水层交换差。大宗淡水鱼类养殖池塘按养殖功能不同，其面积也不同。在南方地区，成鱼池为0.33～1.33hm²，鱼种池为0.13～0.33hm²，鱼苗池为0.07～0.13hm²；在北方地区，养鱼池的面积有所增加。

池塘水深，是指池底至水面的垂直距离；池深，是指池底至池堤顶的垂直距离。养鱼池塘有效水深应不低于1.5m，一般成鱼池的深度在2.5～3.0m，鱼种池在2.0～2.5m。北方越冬池塘的有效水深应达到2.5m以上，池埂顶面一般要高出池中水面0.5m左右。

水源季节性变化较大的地区，在设计建造池塘时应适当考虑加深池塘，维持水源缺水时池塘有足够水量。

深水池塘一般是指水深超过3.0m以上的池塘，深水池塘可以增加单位面积的产量，节约土地，但需要解决水层交换、增氧等问题。

3. 池埂　池埂是池塘的轮廓基础，池埂结构对于维持池塘的形状、方便生产以及提高养殖效果等有很大的影响。

池塘塘埂一般用匀质土筑成，埂顶的宽度应满足拉网、交通等需要，一般在1.5～4.5m。

池埂的坡度大小，取决于池塘土质、池深、护坡与否和养殖方式等。一般池塘的坡比为1：（1.5～3），若池塘的土质是重壤土或黏土，可根据土质状况及护坡工艺适当调整坡比。池塘较浅时，坡比可以为1：（1～1.5）（图1-11）。

4. 护坡　护坡具有保护池形结构和塘埂的作用，但也会影响到池塘的自净能力。一般根据池塘条件不同，池塘进排水等易受水流冲击的部位应采取护坡措施，常用的护坡材料有水泥预制板、混凝土、防渗膜等。采用水泥预制板、混凝土护坡的厚度应不低于5cm，防渗膜或石砌坝应铺设到池底。

5. 池底 池塘底部要平坦，为了方便池塘排水、水体交换和捕鱼，池底应有相应的坡度，并开挖相应的排水沟和集水坑。池塘底部的坡度一般为1∶（200～500），在池塘宽度方向，应使两侧向池中心倾斜。

面积较大且长宽比较小的池塘，底部应建设主沟和支沟组成的排水沟（图1-12）。主沟最小纵向坡度为1∶1 000，支沟最小纵坡度为1∶200。相邻的支沟相距一般为10～50m，主沟宽一般为0.5～1.0m、深0.3～0.8m。

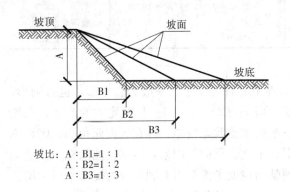

坡比：A∶B1=1∶1
A∶B2=1∶2
A∶B3=1∶3

图1-11　坡比示意图
（引自戈贤平，《池塘养鱼》，2009）

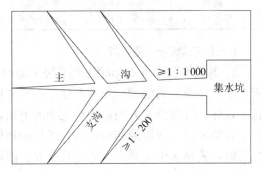

图1-12　池塘底部沟、坑示意图
（引自戈贤平，《池塘养鱼》，2009）

面积较大的池塘可按照回形鱼池建设，池塘底部建设有台地和沟槽（图1-13）。

台地及沟槽应平整，台面应倾斜于沟，坡降为1∶（1 000～2 000），沟、台面积比一般为1∶（4～5），沟槽深度一般为0.2～0.5m。

在较大较深的长方形池塘内坡上，为了投饵和拉网方便，一般应修建一条宽度约0.5m平台（图1-14）。

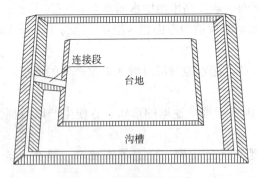

图1-13　回形鱼池示意图
（引自戈贤平，《池塘养鱼》，2009）

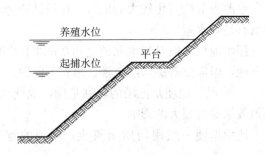

图1-14　鱼池平台示意图
（引自戈贤平，《池塘养鱼》，2009）

（四）池塘的配套设施

水产养殖场应按照生产规模、要求等，建设一定比例的生产、生活、办公等建筑物。建筑物的外观形式应做到协调一致，整齐美观。生产、办公用房应按类集中布局，尽可能设在水产养殖场中心或交通便捷的地方。生活用房可以集中布局，也可以分散布局。

水产养殖场建筑物的占地面积，一般不超过养殖场土地面积的0.5%。

1. 办公、库房等建筑物

（1）办公、生活房屋。水产养殖场一般应建设生产办公楼、生活宿舍、食堂等建筑物。生产办公楼的面积应根据养殖场规模和办公人数决定，适当留有余地，一般以 1：667 的比例配置为宜。办公楼内一般应设置管理、技术、财务、档案、接待办公室和水质分析与病害防控实验室等。

（2）库房。水产养殖场应建设满足养殖场需要的渔具仓库、饲料仓库和药品仓库。库房面积根据养殖场的规模和生产特点决定。库房建设应满足防潮、防盗、通风等功能。

（3）值班房屋。水产养殖场应根据场区特点和生产需要建设一定数量的值班房屋。值班房屋兼有生活、仓储等功能。值班房的面积一般为 30～80m²。

（4）大门、门卫房。水产养殖场一般应建设大门和门卫房。大门要根据养殖场总体布局特点建设，做到简洁、实用。

大门内侧一般应建设水产养殖场标示牌。标示牌内容包括水产养殖场介绍、养殖场布局、养殖品种、池塘编号等。

养殖场门卫房应与场区建筑协调一致，一般在 20～50m²。

2. 生产设施建筑物

（1）围护设施。水产养殖场应充分利用周边的沟渠、河流等构建围护屏障，以保障场区的生产、生活安全。根据需要，可在场区四周建设围墙、围栏等防护设施，有条件的养殖场还可以建设远红外监视设备。

（2）供电设备设施。水产养殖场需要稳定的电力供应，供电情况对养殖生产影响重大，应配备专用的变压器和配电线路，并备有应急发电设备。

水产养殖场一般应按每 667m² 配备功率 0.75kW 以上变压器，即 6.6hm² 规模的养殖场需配备 75kW 的变压器。高、低压线路的长度取决于养殖场的具体需要，高压线路一般采用架空线，低压线路尽量采用地埋电缆，以便于养殖生产。配电箱主要负责控制增氧机、投饲机、水泵等设备，并留有一定数量的接口，便于增加电气设备。配电箱要符合野外安全要求，具有防水、防潮、防雷击等性能。水产养殖场配电箱的数量，一般为每 2 个相邻的池塘共用 1 个配电箱。如池塘较大较长，可配置多个配电箱。在养殖场主干道路两侧或辅道路旁应安装路灯，一般每 30～50m 安装路灯 1 盏。

（3）生活用水。水产养殖场应安装自来水，满足养殖场工作人员生活需要。条件不具备的养殖场，可开挖可饮用地下水，经过处理后满足工作人员生活需要。自来水的供水量大小应根据养殖小区规模和人数决定，自来水管线应按照市政要求铺设施工。

（4）生活垃圾、污水处理设施。水产养殖场的生活、办公区，要建设生活垃圾集中收集设施和生活污水处理设施，常用的生活污水处理设施有化粪池等。化粪池大小取决于养殖场常驻人数，三格式化粪池（图 1-15）应用较多。水产养殖场的生活垃圾，要定期集中收集处理。

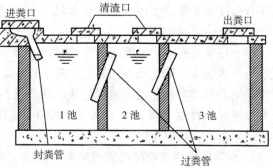

图 1-15 三格式化粪池结构示意图
（引自戈贤平，《池塘养鱼》，2009）

3. 水处理设施 水产养殖场的水处

理，包括源水处理、养殖排放水处理、池塘水处理等方面。养殖用水和池塘水质的好坏直接关系到养殖的成败，养殖排放水必须经过净化处理达标后，才可以排放到外界环境中。

（1）源水处理设施。水产养殖场在选址时，应首先选择有良好水源水质的地区。如果源水水质存在问题或阶段性不能满足养殖需要，应考虑建设源水处理设施。源水处理设施一般有沉淀池、过滤池、杀菌消毒设施等。

（2）排放水处理设施。养殖过程中产生的生产废水，主要通过排放水设施进入外界环境中，已成为主要的面源污染之一。对养殖排放水进行处理回用或达标排放，是池塘养殖生产必须解决的重要问题。目前，养殖排放水的处理一般采用生态化处理方式，也有采用生物、物理、化学等方式进行综合处理的案例。

养殖排放水生态化处理，主要是利用生态净化设施处理排放水体中的富营养物质，并将水体中的富营养物质转化为可利用的产品，实现循环经济和水体净化。养殖排放水生态化水处理技术有良好的应用前景，但许多技术环节尚待研究解决。

（3）池塘水体净化设施。池塘水体净化设施是利用池塘的自然条件和辅助设施构建的原位水体净化设施，主要有生物浮床、生态坡、水层交换设备、藻类调控设施等。

四、池塘主要环境因子及其对鱼类的影响

鱼生活在水中，良好的水质是保证鱼类健康和生长的基础。"养好一池鱼，必先养好一池水"。水的性质是由多个因子组成，可分为物理因子（水温、水色、透明度等），化学因子（溶解性气体、营养盐类等）和生物因子（浮游生物、底栖动物、细菌等）3 个方面，各因子之间具有相互影响、相互制约、相互依存的错综复杂的关系，所有因子都直接或间接地影响到养鱼的效果。只有正确处理好这三方面的因子，才能养好鱼。

（一）水温

水温是鱼类最重要的环境条件之一。水温不仅影响鱼类生长和生存，而且通过水温对其他环境条件的改变而间接对鱼类发生作用，几乎所有的环境因子都受水温的制约。

1. **水温对鱼类的影响**　鱼类是变温动物，体温随水温的变化而变化，水温直接影响鱼的生存和生长。水温直接影响鱼的代谢强度，从而影响鱼的摄食和生长。一般在适合温度范围内，随着水温的升高，鱼类的代谢相应加强，其摄食量增加，生长也加快。当水温由 21℃ 降低到 17℃ 时，草鱼的摄食强度减少 10%，鲢减少 24%；当水温下降到 12℃ 时，摄食强度降低 50% 以上，饲料的消化速度也相应下降。一般来说，鱼类在最适的生长水温时，其摄食强度和生长速度比一般生长水温大 1～2 倍；超过最高或低于最低温度时，鱼类不能生长，甚至引起死亡。

温水性鱼类在不同温度下的生长情况，可以划分为 3 个范围：水温 10～15℃，鱼类生长缓慢，为弱生长期；15～24℃，鱼类生长和增重速度一般，为一般生长期；24～30℃ 是最适生长期，鱼类生长和增重速度最快。如草鱼、青鱼、鲢、鳙、鲤、团头鲂等，在水温降到 15℃ 以下时，食欲下降，生长缓慢。鲮在水温低于 8～9℃，就会冻死；罗非鱼在水温为 10～12℃ 时，就难以生存。

2. **水温对水生生物和细菌的影响**　温度对养殖水体的物质循环有重要影响，水温直接影响水中细菌和其他水生生物的代谢强度。在最适温度范围内，细菌和其他水生生物生长繁殖迅速，同时细菌分解有机物质的作用加快，因而能提供更多的无机营养物质给浮游植物利

用，制造新的有机物，使水中各种饵料生物都得以加速生长繁殖，养殖水体的物质循环强度也随之提高。

3. 水温的高低也影响水中的溶解氧量　水中氧气的溶解度，随水温升高而降低；但水温上升，水生生物（包括鱼类）新陈代谢增强，呼吸加快，耗氧量增高，加上水中有机物等其他耗氧因子的作用增强，在池塘等小水体容易产生缺氧现象，这在夏季高温季节特别明显。

（二）光照和透明度

1. 光照　光照即是太阳光辐射。地球上所有的生命都依靠太阳辐射形成的能量流来维持。太阳辐射也是水体温度和绿色植物合成有机物质所需的能源，因而是水环境中的重要因子之一。

池塘水体的太阳辐射能量，取决于日照时数（每天太阳的可照时数）和日照率（晴天时数占总照射时数的百分比）。由于不同纬度和季节变化，加之又有晴天、阴天和雨天的区别，各地日照时数差别较大。华南地区全年的实际日照时数占可能日照时数 40％，长江流域为 40％以上，华北为 50％以上，西北则达到 65％左右。水温达到鱼类生长（温水性鱼类）15℃以上的天数，广东省为 330d，黑龙江省平均为 165d，两者相差将近 1 倍。但北方夏季日照时数长，年实际日照时数可达 700h，这就弥补了北方生长期短的不利因素。

池塘含有大量有机物和浮游生物，太阳辐射除被水本身吸收外，还被水中溶解、悬浮的有机质和无机颗粒吸收、散射，光照强度随水深增加迅速递减，因此，浮游植物的光合作用及其产氧量也随之减弱。

2. 透明度　用萨氏盘测定的深度，间接表示光透入水的深浅程度。其大小取决于水的混浊度（水中混有各种浮游生物和悬浮物所造成的混浊程度）和色度（浮游生物、溶解有机物质和无机盐形成的颜色）。在正常情况下，养殖水体中的泥沙含量少，其透明度高低主要取决于水中的悬浮物（包括浮游生物、溶解有机物质和无机盐等）的多少。

透明度有季节变化、水平变化和日变化。养殖水体小、水质肥、浮游生物量大，这种变化就越明显。如精养鱼塘，夏秋季节，池水中浮游生物和有机物含量多，透明度小；冬季水温低，池水中浮游生物含量少，水质清新，透明度大。早晨浮游生物在池水中分布均匀，因而池水透明度较大；下午因浮游生物具趋光性而趋向上层，它们对太阳辐射光的吸收进一步增大，池水透明度变小。由于风力的影响，将水中浮游植物和悬浮有机物吹向池塘下风处。下风处水混浊，透明度变小；上风处水清，透明度相对增大。

养殖水体透明度的大小不仅影响浮游植物光合作用，而且大致反映水中浮游生物的丰歉和水质的肥度。肥水池塘一般透明度在 25～35cm。透明度太小，水质太肥，甚至污染，对鱼类生长不利；透明度太大，则水质太瘦，生物贫乏，鱼类生长慢。

（三）溶解氧

水中溶解氧是鱼类生存和生长的首要条件。池塘中的溶解氧在晴天有 90％左右由浮游植物的光合作用产生，从空气中溶入的氧仅占 10％左右；而池塘中溶解氧有 70％是由浮游生物、细菌的呼吸作用和水中有机物分解作用消耗的，向空气中逸出的氧量占 10％左右，鱼类消耗仅占 16％左右。

池塘中溶解氧的分布不均匀，存在明显的昼夜变化，白天光照强，浮游植物光合作用产氧多，往往晴天中午溶解氧过饱和；夜间浮游植物光合作用停止，水中只有各类生物的呼吸作用，致使池水溶解氧明显下降，至黎明前下降到最低点，此时容易引起鱼类缺氧浮头。晴天差异大，阴天差异小。此外，池塘中溶解氧还存在水平变化和垂直变化的特点。由于风力作用，下风头浮游植物聚集多，白天光合作用和风力增氧都比上风处高，池水下风头氧气含量高于上风头；夜间与白天相反，下风头浮游生物和有机质多，故耗氧多，使水中溶解氧明显减少，上风头氧气含量高于下风头。溶解氧垂直变化的原因，也与浮游植物的分布和光照强度有关。白天水体上层浮游植物多，光照强，光合作用产氧多，上层水含氧量高；而下层水的耗氧量大于产氧，因而溶解氧量低。

池中的溶解氧，对鱼类的生长有直接或间接的影响。溶解氧量低，对鱼类生长不利，摄食率和饵料的利用率下降，生长缓慢，饵料系数增加。例如，鲤在水中溶解氧含量为 $7\sim9mg/L$ 时，摄食量要比 $3\sim4mg/L$ 时大 1 倍；草鱼在溶解氧量为 $2.73mg/L$ 时的生长率为 $5.56mg/L$ 时的生长率的 1/10，而饵料系数却高出 4 倍。为了维持鱼类正常的代谢和生理活动，池水必须有一定的溶解氧量。我国主要养殖鱼类溶解氧保持在 $4.0\sim5.5mg/L$，才能正常生长。在成鱼阶段，溶解氧低于 $2mg/L$ 时，鱼类开始浮头；溶解氧在 $0.6\sim0.8mg/L$ 时，就会严重浮头；再降低到 $0.3\sim0.6mg/L$ 以下，鱼类就会窒息死亡。

池塘溶解氧条件好，促进水体中好气微生物大量繁殖，加快有机物质的分解，池水营养盐类增加，促进浮游植物的生长、繁殖，光合作用产氧进一步增加，再次加速有机物的分解，加速物质循环，改良水质，为鱼类和饵料生物创造良好的生长和繁殖环境条件。反之，如果池水溶解氧量低，为有害的厌氧菌提供了繁殖的条件，从而分解有机物生成硫化氢、氨等有害气体，严重时可引起水质恶化，导致鱼类中毒。

《渔业水质标准》（GB11607—1989）规定，一昼夜 16h 以上溶解氧必须大于 $5mg/L$，其余任何时候的溶解氧不得低于 $3mg/L$。湖泊、水库、海湾等大水面，溶解氧充足（部分受工业和生活污染的水体溶解氧含量较低），溶解氧不是养鱼的主要矛盾；池塘等静水小水体，溶解氧往往是鱼类生长的主要限制因子。

（四）二氧化碳

在天然水体中，二氧化碳（CO_2）的主要来源是水生动植物、微生物的呼吸作用和有机物的分解；大气中 CO_2 溶入水中较少。池水中 CO_2 的消耗主要是水生植物光合作用吸收利用，合成有机物质。水中 CO_2 除游离状态外，大多以碳酸氢盐（HCO_3^-）和碳酸盐（CO_3^{2-}）形式存在，对水质 pH 起缓冲作用，维持其平衡。水中 CO_2 含量随着水生生物的活动和有机质分解而变动，表现有昼夜、垂直、水平和季节性变化，其变化情况一般与溶解氧的变化相反。

正常情况下，池塘中游离 CO_2 是很少的，在开放式的条件下，不会构成对鱼类的危害；只有在水被封闭的情况下，CO_2 才会积聚到对鱼类有危害的程度。高浓度 CO_2 对鱼类有麻痹和毒害作用，如使鱼体血液 pH 降低，减弱了对氧的亲和力。据实验，当游离 CO_2 达到 $60mg/L$ 时，鲤科鱼类呼吸加快；达到 $80mg/L$ 时，鱼表现呼吸困难；超过 $100mg/L$ 时，发生昏迷或侧卧现象；超过 $200mg/L$ 时，即会引起死亡。

CO_2 对水生生物的影响也很大，是水生植物光合作用的原料，缺少 CO_2，就会抑制水生植物的生长和繁殖，降低水域的生产力。而且在光照较强的情况下，缺少 CO_2，某些藻类会释放出抑制生物生长发育的有毒物质，影响饵料生物的繁殖。

（五）pH

pH 表示水的酸碱度，主要是指水中氢离子浓度。池中的 pH 大小，主要决定于水中游离的 CO_2、碳酸氢盐及碳酸盐的比例。水体中游离的 CO_2 和腐殖质越多，pH 越低；反之，pH 越高。当 pH 等于 7 时为中性，小于 7 时为酸性，大于 7 时为碱性。池水中的 pH 有明显的昼夜变化和垂直变化，其变化规律与溶解氧、CO_2 等的变化有一定的相关性。

pH 对水质、水生生物和鱼类有重要的影响：①pH 的改变影响水中胶体物质的带电状态，导致胶体对水中一些离子的吸附或释放，从而影响池水有效养分的含量和施无机肥的效果。pH 还影响水中氨和铵离子的平衡，从而使水质对鱼类表现出不同的毒性；pH 降低，硫化物大多变成硫化氢而极具毒性。②pH 过低，细菌和大多数藻类及浮游动物受到影响，消化过程被抑制，光合作用减弱，水体物质循环强度下降。③酸性水可以使鱼类血液的 pH 下降，降低血液的载氧能力，使血液中的氧分含量变小，尽管水中含氧量较高，鱼也浮头。在酸性水中鱼不爱活动、畏缩，新陈代谢低落，摄食量少，消化率低，生长受到抑制。因此，酸性水不能养鱼，需要进行调节和改良。pH 过高，鱼类生长也会受到抑制。

鱼类能够安全生活的 pH 是 6～9，鲤科鱼类最适宜的 pH 为 7～8.5，因此，凡是 pH 低于 5.5 或高于 10 的水，都不能用来养鱼。

（六）氨氮、硫化氢、亚硝酸盐

1. 氨氮 水中氨通常是在氧气不足时含氮有机物分解而产生，或者是由于氮化合物被硝化细菌还原而生成。水生动物代谢终产物一般是以氨的状态排出，淡水鱼类也是如此。氨易溶于水，生成分子的复合物（$NH_3 \cdot H_2O$），一部分解离成铵离子（NH_4^+）。在水溶液中 NH_3 和 NH_4^+ 相互转化，在酸性条件下（$pH<7$），几乎都是以 NH_4^+ 形式存在；当 $pH>11$ 时，几乎都以 NH_3 的形式存在。水温升高，NH_3 的比率也增大。NH_3 对鱼类和其他水生生物有毒害作用，即使浓度很低也会抑制鱼类生长，而 NH_4^+ 则无毒。

一般认为，氨渗进生物体内，降低血液的载氧能力，使呼吸机能下降。氨主要是侵袭黏膜，特别是鱼鳃表皮和肠黏膜，其次是神经系统，使鱼类等水生动物的肝、肾系统遭受破坏，引起体表及内脏充血、肌肉增生及出现肿瘤，严重的发生肝晕迷以致死亡。鱼类对氨长期耐受的最大浓度为 0.025mg/L，允许极限指标为 0.05mg/L。

2. 硫化氢 硫化氢是在缺氧的条件下，含硫有机物经厌氧微生物分解而产生；或是在富有硫酸盐的水中，在硫酸盐还原细菌的作用下，硫酸盐变成硫化物，再生成硫化氢。一般硫化物在酸性条件下，大部分以硫化氢形式存在。当水中溶解氧增加时，硫化氢被氧化而消失。

硫化物和硫化氢对鱼类都是有毒的，硫化氢的毒性最强，对其他生物也是如此。硫化氢通过渗透与吸收作用进入鱼体组织与血液，与血红蛋白中的铁结合，使血红蛋白丧失载氧能力，导致鱼类呼吸困难，甚至死亡。实验证明，水中含有 H_2S 达 0.008 7mg/L 时，就可导致虹鳟幼鱼死亡，金鱼的幼鱼的致死浓度为 0.084mg/L。一般养鱼水体要求，硫化物的浓度（以硫计）不超过 0.2mg/L，硫化氢则不允许存在。

3. 亚硝酸盐 亚硝酸盐是氨转化为硝酸盐过程中的中间产物，在硝化细菌的作用下，很快氧化为硝酸盐。若池水经常缺氧，水体中有机物含量过高，池塘很容易引起亚硝酸盐含量的升高。

亚硝酸盐对鱼的毒性较强，主要是影响氧的运输能力、重要化合物的氧化及损坏器官组织。血液中亚硝酸盐增加，将血红蛋白中的二价铁氧化为三价铁，血液载氧能力降低。亚硝酸盐还会引起小血管平滑肌松弛，而导致血液淤积。此外，亚硝酸盐还可以氧化其他重要化合物。实验表明，虹鳟96h半致死浓度（LC_{50}）为0.20~0.40mg/L。

（七）硬度和碱度

1. 硬度 硬度是指水中所含钙、镁离子的含量。淡水中一般钙比镁多，含盐量小于0.5的淡水中，钙离子：镁离子＝4：1。含盐量增大，钙和镁的比值减小。过软的水对养鱼不利，对pH缓冲力弱，不能保持水质的相对稳定，也不能为藻类光合作用提供足够的碳源。一般生产上饲养鲤科鱼类的水体需要5°~8°的硬度，最低不能小于3°，也不要大于30°。

2. 碱度 碱度是指水中所含碳酸氢根等弱酸离子的含量。淡水中最多的盐是碳酸盐类，它包括碳酸氢盐和碳酸盐。由于碳酸盐在水中溶解度低，因此水中主要是碳酸氢盐。

碱度过高对鱼类有毒。在一定的总碱度下，pH越高，毒性越大。鱼类在过高碱度的水中，体表分泌大量黏液，并导致鳃丝出血，迅速死亡。

池水硬度和碱度过低，则需施生石灰加以改良。加生石灰后，水中的碳酸氢盐浓度大大增加，硬度和碱度也随着提高。

（八）浮游生物

浮游生物是饲养鱼类幼鱼和鲢、鳙的主要天然饵料。同时，浮游植物光合作用增加水中溶解氧。所以，池塘的浮游生物对养鱼水质的影响最为重要。我国传统的养鱼经验看水养鱼，就是根据浮游植物的种类和数量所反映出来的水色为依据的。有经验的人可以根据水色来判断池水的肥度，并采取相应措施。因此，看水色是养鱼的基本功。

1. 养鱼肥水 肥水的水色主要有以下几种：

（1）淡黄褐带绿色。混浊度小，浓淡适中，水中有硅藻、金藻、黄藻和部分绿藻，还有原生动物、轮虫和无节幼体等。

（2）草绿带黄色。混浊度较大，主要有绿球藻、隐藻、黄绿藻、原生动物、轮虫和无节幼体等。

（3）黄褐色。混浊度较小，主要有硅藻、绿藻、轮虫和小型技角类等。

（4）油绿色。混浊度较小，主要有隐藻、绿球藻、细菌、原生动物和轮虫等。

以上几种水色在正常的晴天常有变化，即"朝红夕绿"。各种生物的组成比较合理，生长繁殖快，饵料生物的质和量均适合鱼类的需要。同时，这几种水的溶解氧量较高，营养盐类组成比较平衡，含的代谢废物少，适宜鱼类的生长发育，是适合养鱼的肥水。

养鱼肥水的特点，可以概括为"肥、活、嫩、爽"4个字。"肥"是说明池水中的饵料生物丰富，水色浓淡适中，鱼类易消化的种类占主要成分；"活"是反映池塘的水色存在日变化，即"朝红夕绿"或"早青晚绿"，反映出具有趋光性的鞭毛藻类占优势；"嫩"，即嫩水，是指水肥而不老，池水具有鲜明的颜色，而不发灰发暗，反映饵料生物的生命力强，繁殖速度快；"爽"是指水质清爽，无浮膜，水肥而透明度适中，溶解氧量高，鱼类生活环境适宜。因此，"肥、活、嫩、爽"4个字全面地说明肥水，不仅鱼类的饵料生物的质量好、数量大，而且水中的溶解氧高，饵料生物的生长旺盛，繁殖快，水域生产力高。

2. 养鱼过肥水 过肥水的水色主要有以下几种：

（1）蓝绿色。混浊度大，不透明，天热时有灰黄绿色的浮膜。水中以蓝藻类占绝对优势，而且密度较大。

（2）暗绿色。水面常有暗绿色或黄绿色浮膜，混浊度大，水质过浓，以绿藻、蓝藻和裸藻为主。

（3）灰蓝色。水质过浓，混浊度大，不透明，常有灰蓝或黑蓝色的浮泡。水中蓝藻占绝对优势。

以上几种水色都是水质过肥的标志，常因天气和水质原因引起浮游植物的大量死亡，而败坏水质，引起严重缺氧发生水变，造成鱼类严重浮头，甚至泛池使鱼类大批死亡。

3. 养鱼劣质水 劣质水的水色主要有以下几种：

（1）灰白色。水呈灰白且混浊度大，水中以蓝藻为主。

（2）黑褐色。水质过浓，不透明，水中以隐藻、蓝藻和裸藻为主。

这两种水色常出现在养鱼的后期，由于营养盐类的缺乏和不平衡及生物代谢废物积累的毒害作用，抑制浮游植物和细菌的生长繁殖。池塘的溶解氧量低，鱼类的饵料生物和环境条件恶化。养鱼上称为老水，严重影响鱼类的生长和池塘的鱼产量。

（九）细菌和有机碎屑

池塘中细菌和有机碎屑，是滤食性鱼类和水生动物的重要饵料。池塘中细菌数量较大，每毫升水含量达数万个，甚至数百万个。在人工投饵、施肥的池塘中，细菌的数量更大，生物量可达 $20\sim30mg/L$，其中，有 50% 的细菌可被鱼类摄食。

有机物在水中经过微生物、物理和化学作用，通过矿化、絮凝、络合或螯合、气提等一系列变化后，为鱼类和其他水生生物提供了饵料和养料。池水中有机物质是以溶解的状态存在，是水中营养盐类的重要来源，也是细菌的营养物。与此同时，通过絮凝作用，也降低了水中溶解有机物的浓度，减轻水体的有机污染，增加透明度。

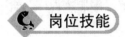
岗位技能

项目 **一** 池 塘 施 肥

一、池塘施肥的作用

正确施肥，是补充水中的营养盐类、提高水体肥力、实现池塘养鱼高产稳产的一项重要的技术措施。施肥养鱼是我国传统养鱼方法，具有悠久的历史，并积累了丰富的经验。

营养盐类是浮游植物生长必需的物质。在阳光照射下，浮游植物能够利用水中的二氧化碳和无机盐类，进行光合作用，合成自身的营养物质并释放氧气，使自身得以生长和繁殖。浮游植物作为浮游动物、底栖动物等的食物，而使这些动物得到生长和繁殖，从而为鱼类提供了大量的天然饵料，形成一定的鱼产量。同时，浮游植物释放的氧气改善了水质。因此，池塘施肥作用主要是增加水体中氮、磷、钾等营养元素，促进饵料生物的大量繁殖，为鱼类提供充足的饵料及改善水体环境等，加速鱼类生长，提高池塘鱼产量。

目前，浮游植物生长发育所必需的营养元素有 16 种，即碳（C）、氢（H）、氧（O）、氮（N）、磷（P）、钾（K）、钙（Ca）、镁（Mg）、铁（Fe）、铜（Cu）、锰（Mn）、硫（S）、硼（B）、氯（Cl）、锌（Zn）、钼（Mo）。其中，浮游植物对氮、磷、钾、钙、镁、硫等需要量大，这些元素含量占体重 0.01% 以上，称为常量元素；铁、锰、铜、锌、硼等需要量较小，这些元素含量占体重 0.01% 以下，称为微量元素。正常情况下，水域中大部分元素可以充足供给藻类的需要。但氮、磷、钾、钙等几种元素生物需要量大，必须由外界及时补给，才能满足生物生长繁殖的需要。

二、肥料的种类

目前，渔业生产上使用的肥料可分为有机肥和无机肥两大类。施入鱼池的肥料种类不同，其作用过程也不同。池塘施用有机肥，首先培养大量细菌等腐生性微生物，其次是一些原生动物。施肥后池塘中细菌的数量可比原来增加 10 倍以致百倍。细菌也是许多浮游动物良好的饵料。有机物经过细菌的分解和转化作用，形成溶解于水的氮、磷、钾成分的无机盐类及其他简单的无机物，为浮游植物所利用。腐屑不仅为浮游动物和底栖动物提供大量的饵料，而且也供鱼类大量摄食。无机肥直接为浮游植物所吸收利用，池塘中施用无机肥后，细菌的数量无明显的变化，浮游植物迅速地繁殖起来。细菌特别是自养型细菌都要利用无机盐合成自身的营养物质，所以施用无机肥也能促进细菌的繁殖。

（一）有机肥

有机肥是指含有大量有机物的肥料。池塘施用的有机肥主要有绿肥、粪肥等。有机肥料肥效全面，作用持久，但肥效较迟，且耗氧多，也易污染水质。有机肥料是我国池塘施肥的主要肥料。

1. 绿肥　绿肥包括多种野生无毒草本植物和人工栽培的植物。容易腐烂、无毒的陆生或水生植物的鲜嫩茎叶均可作绿肥，其中，以无毒的菊科、豆科植物为好。绿肥来源广，含有多种肥分（表 1-3），水产养殖中使用绿肥比较普遍。

表 1-3　常见绿肥的种类及成分（%）

名称	氮素	磷酸	氧化钾
紫云英	0.48	0.09	0.37
苜蓿	0.79	0.11	0.40
蚕豆	0.55	0.12	0.45
大豆	0.58	0.08	0.73
花生	0.43	0.09	0.36
麦子茎秆	0.3	0.156	0.556
油菜茎秆	0.4	0.10	0.30
水草	0.1~0.4	0.05~0.10	0.05~0.30

注：表内数字均为新鲜绿色素体的百分数。

2. 粪肥　包括人粪尿、畜禽粪尿、厩肥等。厩肥是指猪、牛、鸡等畜禽的粪便和垫料，主要是粪尿、草、草木灰及少量残余的饲料。粪肥的肥分随人、畜、禽所进食的食物（或饲料）不同有很大差别。例如，养牛时，饲料中豆类等精饲料较多，则牛粪便的肥分通常要比其他粪肥高。

（1）人粪尿。人粪尿是肥效较快、肥分全面的有机肥料，是农业上使用最广的有机肥，含有丰富的氮、磷、钾，还含有钙、硫等，是一种优质的有机肥料（表1-4）。

表1-4　人粪尿中主要肥分含量（%）

类别	水分	有机物	氮（N）	磷（P_2O_5）	钾（K_2O）
人尿（新鲜）	93.44	3.3	0.5	0.16	0.20
人粪（新鲜）	77.2	19.8	1.3	0.40	0.30
人粪尿（新鲜）	93.5	4.9	0.85	0.26	0.21
干粪	6.0	3.39	2.4	0.13	1.30

（2）家畜粪尿。家畜粪尿主要是猪、牛、羊等家畜的粪尿。一般来说，家畜粪便中含有大量的纤维素，也含有少量的蛋白质、脂肪等，其含氮量通常比人粪尿低。家畜粪尿难以分解，故肥效迟（表1-5）。

表1-5　几种家畜粪尿中主要肥分含量（%）

类别	水分	有机物	氮（N）	磷（P_2O_5）	钾（K_2O）
马粪	75.1	21.00	0.50	0.30	0.24
尿	90.10	7.10	1.20	0.01	1.50
牛粪	83.30	14.50	0.32	0.21	0.16
尿	93.80	3.5	0.95	微量	0.49
猪粪	81.50	15.0	0.56	0.45	0.44
尿	96.70	2.30	0.30	0.07	0.83
羊粪	65.50	31.40	0.65	0.47	0.23
尿	87.20	8.5	1.68	0.01	2.26

（3）家禽粪。家禽粪是鸡粪、鸭粪、鹅粪、鸽粪的总称。禽粪的肥分通常较家畜粪尿高，是容易腐熟的有机肥料。其氮素以尿酸形态为主，尿酸盐不能直接被作物吸收利用，需腐熟后施用（表1-6）。

表1-6　几种家禽粪中主要肥分含量（%）

类别	水分	有机物	氮（N）	磷（P_2O_5）	钾（K_2O）
鸡	50.00	25.50	1.63	1.54	0.85
鸭	56.60	26.20	1.10	1.40	0.62
鹅	71.10	23.40	1.55	0.50	0.95

（二）无机肥

无机肥又称为化肥。无机肥具有养分含量高，肥效迅速，肥劲较短，不含有机质，分解不消耗氧气，用量少，操作方便等优点。池塘施用的无机肥，主要有氮、磷、钾、钙肥等。

1. 氮肥　氮是生物体蛋白质、叶绿素、维生素、生物碱及核酸和酶的主要成分。常用的氮肥有硝酸铵、氯化铵、硫酸铵。施用氮肥后，池塘中浮游植物可以很快繁殖，池水立即呈现绿褐色。目前，无机氮肥种类较多，常见氮肥的种类及性质见表1-7。

表 1-7　无机氮肥的种类、含氮量及性质（%）

肥料类型	名称	主要成分的化学式	含氮量（N）	化学反应	溶解性	物理特性
铵态氮	硫酸铵	$(NH_4)_2SO_4$	20～21	弱酸性	水溶性	白色结晶，吸湿性弱
	氯化铵	NH_4Cl	24～25	弱酸性	水溶性	白色粉末状，吸湿性弱
	碳酸氢铵	NH_4HCO_3	17	弱酸性	水溶性	白色粉末状，易潮解挥发
	氨水	$NH_4OH（NH_3 \cdot H_2O）$	15～17	碱性	水溶性	挥发性、腐蚀性强
	硝酸铵	NH_4NO_3	34～35	弱酸性	水溶性	吸湿性强，易结硬块，强力敲击爆炸
硝态氮	硝酸铵钙	$NH_4NO_3+CaCO_3$	约20	弱酸性	水溶性	吸湿性黏、不结块
	硫硝酸铵	$(NH_4)_2SO_4+NH_4NO_3$	26～27	弱酸性	水溶性	有湿性黏、结块
酰胺态氮	尿素	$CO（NH_2)_2$	42～46	中性	水溶性	有湿性黏、结块
氨氰态氮	石灰氮	$CaCN_2$	18～20	碱性	微溶于水	吸湿性强，易结块变质

2. 磷肥　磷是核酸和核甘酸的组成部分，是组成原生质和细胞核的重要成分，对促进藻类能量代谢过程起重要作用。常用无机磷肥有过磷酸钙 $［Ca（H_2PO_4)_2+CaSO_4］$ 等。一般池塘都缺少磷，因而鱼池应该多施磷肥。常见磷肥的种类及性质见表 1-8。

表 1-8　常用无机磷肥的种类、含磷量及性质

肥料名称	主要成分的化学式	含磷量（P_2O_5，%）	一般特性
过磷酸钙（普钙）	$Ca（H_2PO_4)_2+CaSO_4$	16～20	水溶性较差，速效，常含游离酸，含多量石膏
重过磷酸钙（重钙）	$Ca（H_2PO_4)_2$	40～50	水溶性，速效，化学反应酸性，不含石膏
磷酸二氢钾	KH_2PO_4	52	水溶性，速效，化学反应碱性，含钾30%

3. 钾肥　调节原生质的胶体状态和提高光合作用的强度，与糖的合成与代谢及运输有密切关系，促进酶的活性，促进繁殖。底质为沙壤土或壤土的池塘应多施钾肥，而黏土和黏壤土的池塘一般不缺钾。常用钾肥有硫酸钾（K_2SO_4）、氯化钾（KCl）等，都是速效肥。

4. 钙肥　对藻类的碳水化合物和蛋白质的代谢作用有一定的影响，中和体内的有机酸消除有害的离子，增强对不良环境的抵抗力。钙肥对池塘水质有多方面的重要作用：①作为水生生物的营养元素；②提高水体 pH；③提高水体的碱度和硬度；④具有杀菌作用，有利于水生动物疾病的防治；⑤加速水体中及底泥的有机物的分解等。常用的钙肥有生石灰（CaO）、消石灰 $［Ca（OH)_2］$ 等。

三、施肥方法

（一）有机肥的施用

有机肥既可作基肥，也可作追肥。有机肥一般肥效较迟，下塘后需经微生物分解、矿化转为简单有机物和无机盐才发生肥效，故在施用上需考虑发生肥效的时间。基肥在鱼类放养前施用，一般在冬季池塘排水清整后。将粪肥施于池底或积水区的边缘，经阳光曝晒数天，

适当分解矿化后翻动肥料，再晒数天，即可注水。施用绿肥时，通常将新鲜绿肥每 $20\sim$ 30kg 一扎，并排于池边水中堆沤，应全部浸没于水中，其上再加塘泥压面，不使绿肥露出水面。施基肥的量较大，应一次施足，视池塘肥瘦、肥料种类与浓度，绿肥、粪肥施用量为 $4\,500\sim7\,500$kg/hm²。对于新开挖的鱼池、水质清瘦或池底淤泥少的池塘，宜多用有机肥料，尤其是绿肥和粪肥，且施用量可适当大一些。而池底淤泥较多的池塘，一般不施基肥。

施追肥在放鱼后进行，掌握"少量多次"的原则，使池塘经常保持一定的肥度。有机肥料下池后，由于经腐生性微生物的分解矿化，消耗水中大量溶解氧。因此，施用前必须用生石灰发酵腐熟，然后下池。粪肥施用时，通常采用全池泼洒或部分池面泼洒的方法。作为追肥的绿肥、粪肥的施用量为 $750\sim1\,500$kg/hm²。同时，根据天气、水质、鱼的活动情况灵活掌握。

（二）无机肥的施用

在池塘中施用的无机肥，一般氮肥宜用碳酸氢铵、尿素等，磷肥以重过磷酸钙为好。浮游植物是按比例吸收水中的各种营养盐类。因此，宜采用多种成分的肥料混合使用的效果较好。要根据池塘具体的情况，选择多种成分肥料混合使用，也可单独使用。施肥方法比较简单，先将肥料加水溶解后，全池均匀洒遍。生石灰的使用结合清塘施于池底或单独泼洒。

氮、磷、钾肥作基肥的用量分别为：氮肥（以氮计）$1.5\sim2.0$mg/L、磷肥（以所含磷计）$0.3\sim1.0$mg/L、钾肥（以氧化钾计）0.5mg/L；追肥为基肥用量的 1/4～1/3。钙肥施用时，其用量要根据池底的性质、腐泥的多少、pH 的高低等条件加以确定，黏土底质、腐泥较多、大量施用有机肥、水硬度偏低时要多施，反之少用。用作基肥时，一般生石灰的用量为 $1\,200\sim1\,800$kg/hm²。追肥时，每次用量为 $75\sim225$kg/hm²。

四、施肥注意事项

池塘施肥可以增补水体中的营养物质，调节水质，培育饵料生物，达到提高池塘鱼产量的效果。但如果盲目施肥，可能会败坏水质，抑制鱼类生长。因此，如何合理施肥，才是调节水质、提高池塘鱼产量的关键。

1. 看鱼塘施肥 塘底淤泥是鱼塘的"肥料库"，对肥水有一定的作用。新开挖的池塘或底质贫瘦的池塘，应多施肥。新塘多施有机肥，老塘少施或不施有机肥。

2. 看水色施肥 肥水呈油绿、黄绿、茶褐色，水色存在月变化、日变化。若池塘水色呈水白、浓绿、浅黄、褐色等，日变化不明显，应多施肥。也可根据池水透明度，判断池水的肥瘦，决定是否需要施肥。温暖季节，池水透明度为 $25\sim40$cm，水质肥爽而不混浊为"肥水"，可少施肥或不施肥；若水色清，透明度大，则需要及时追肥。

3. 看季节施肥 冬季多施有机肥，平时应少量多次。施肥的种类和数量，在不同季节有所不同。一般早春或晚秋水温较低，有机物分解慢，肥力持续时间长，施肥量可以大些；晚春、夏季及初秋，水温较高，有机物分解快，耗氧量也较大，水质较肥，施肥应少量多次。施肥后要注意巡塘，防止缺氧。

4. 看天气施肥 天气晴，光照好，温度适宜，多施；反之，则少施或不施。施肥一般在晴天的上午进行，阴雨天不施。

5. 看鱼情施肥 鱼是水质肥瘦的指示生物。鱼类很少浮头或轻微浮头，日出不久即止，可正常施肥。每天浮头或浮头时间延长，则说明水中水生生物、有机物耗氧超过供氧，要少施肥或不施。若浮头严重，应停止施肥，并立即加注新水。

项目 二 池塘水环境改良

一、池塘清整

在鱼种放养前要对鱼池进行彻底的清塘，为鱼类创造安全的生活环境，改善水中理化因子；杀灭潜伏的细菌、寄生虫等病原体，减少鱼病的发生等。一般在鱼种放养前一个月，排干池水，除去杂草，挖去过多的淤泥，加固塘埂，曝晒 2～3d。在鱼种放养前 10d 左右，再用生石灰、漂白粉等药物清塘。

1. 清整池塘的作用

（1）池底经冻晒、通风，加速有机质分解矿化，提高池塘的肥度，同时杀死部分有害生物。

（2）清除过多淤泥，加深池水，提高放养量。

（3）清除大部分有害生物，减少病虫害，杀灭野杂鱼，减少敌害与争食者。

（4）加高加固池堤，有利抗旱、防涝。

（5）清除的淤泥可作为肥料施用。

2. 池塘清整的方法

（1）池塘整修。清整池塘的时间，可在冬春季进行。秋季鱼种出池时，将池水排干，让其冻晒，并将过多的淤泥挖除，保持池底的平坦，可用吸泥机或泥浆泵清除。春季在放养前，可进行池底的平整和池堤的加固。

（2）药物清塘。药物清塘，就是在池塘内施用药物，杀灭影响鱼类生存、生长的各种生物，以保障鱼类不受敌害、病害的侵袭。清塘消毒每年必须进行 1 次，时间一般在放养鱼和鱼种前 7～10d 进行。清塘应选晴天进行，阴雨天药性不能充分发挥，操作也不方便。

清塘药物的种类及使用方法见表1-9。表1-9 中各种清塘药物中，一般认为生石灰和漂白粉清塘较好，但具体确定药物时，还需因地制宜地加以选择。如水草多而又常发病的池塘，可先用药物除草，再用漂白粉清塘。用巴豆清塘时，可用其他药物配合使用，以消灭水生昆虫及其幼虫。如预先用 1mg/L 2.5% 粉剂敌百虫全池泼洒后再清塘，能收到较好的效果。

表 1-9　常用清塘药物的使用方法

药物及清塘方法		用量（每 667m², kg）	使用方法	清塘功效	毒性消失时间
生石灰清塘	干法清塘	60～75	排出塘水，倒入生石灰溶化，趁热全池泼洒。第 2 天翻动底泥，3～5d 后注入新水	1. 能杀灭野杂鱼、蛙卵、蝌蚪、水生昆虫、螺、水蛭、蟹、虾、青泥苔及浅根水生植物、致病寄生虫及其他病原体 2. 增加钙肥 3. 使水呈微碱性，有利浮游生物繁殖 4. 疏松池中淤泥结构，改良底泥通气条件 5. 释放出被淤泥吸附的氮、磷、钾等 6. 澄清池水	7～10d
	带水清塘	125～150（水深 1m）	排出部分水，将生石灰化开，呈浆液，趁热全池泼洒		

（续）

药物及 清塘方法		用量 （每 667m², kg）	使用方法	清塘功效	毒性消 失时间
茶麸 （茶粕） 清塘		40～50 （水深 1m）	将茶麸捣碎，加水，浸泡 1 昼夜，连渣一起，均匀泼洒全池	1. 能杀灭野鱼、蛙卵、蝌蚪、螺、水蛭、部分水生昆虫 2. 对细菌无杀灭作用，对寄生虫、水生杂草杀灭差 3. 能增加肥度，但助长鱼类不易消化的藻类的繁殖	7d 后
生石灰、茶麸混合清塘		茶麸 37.5，生石灰 45（水深 1m）	将浸泡后的茶麸倒入刚溶化的生石灰内，拌匀，全池泼洒	兼有生石灰和茶麸两种清塘方法的功效	7d 后
漂白粉清塘	干法清塘	1	先干塘，然后将漂白粉加水溶化，拌成糊状，然后稀释，全池泼洒	1. 效果与生石灰清塘相近 2. 药效消失快，肥水效果差	4～5d
	带水清塘	13～13.5 （水深 1m）	将漂白粉溶化后稀释，全池泼洒		
生石灰、漂白粉混合清塘		漂白粉 6.5，生石灰 65～80（水深 1m）	加水溶化，然后稀释全池泼洒	比两种药物单独清塘效果好	7～10d
巴豆清塘		3～4（水深 1m）	将巴豆捣碎，加 3% 食盐，加水浸泡，密封缸口，经 2～3d 后，将巴豆连渣倒入容器或船舱，加水泼洒	1. 能杀死大部分害鱼 2. 对其他敌害和病原体无杀灭作用 3. 有毒，皮肤有破伤时不要接触	10d
鱼藤精或干鱼藤清塘		鱼藤精 1.2～1.3（水深 1m）	加水 10～15 倍，装喷雾器中全池喷洒	1. 能杀灭鱼类和部分水生昆虫 2. 对浮游生物、致病细菌、寄生虫及其休眠孢子无作用	7d 后
		干鱼藤 1（水深 0.7m）	先用水泡软，再捶烂浸泡，待乳白色汁液浸出，即可全池泼洒		

二、水质常规改良方法

池塘是鱼类栖息活动的场所，也是鱼类天然饵料生物的生产基地。池塘水环境的好坏，直接影响到天然饵料生物的丰歉、鱼类生长及鱼病情况。因此，调节水质是池塘养鱼工作的一个重要环节。池塘水质改良常规方法主要有以下几种：

1. 适时适量进行追肥 施肥不仅能培养水体中的天然饵料生物，而且也是改良水质的有效方法。浮游植物通过光合作用增加池水溶解氧，并可吸收氨氮以降低对鱼类的危害。因此，无论饲养何种鱼的静水池塘，池水中浮游植物都应始终保持一个适当的密度，并能维持良好的生活状态。

追肥包括有机肥、无机肥、钙肥、微肥等。一般应使用化肥，因为化肥可直接促使浮游植物的繁生，并避免增加水中的有机质。

追肥要根据季节、天气、水的肥度等具体情况，灵活掌握。以少量多次为好，注意对磷肥的使用。在鱼类的生长旺季，一般每 7～10d 可追施尿素 20～40kg/hm²，重过磷酸钙 10～20kg/hm²。

2. 经常加注新水 经常向池塘注入新水，是改善环境、保持良好水质最有效、最主要的措施。向池塘加注新水，不仅可以增加溶解氧、营养盐类及微量元素，如铁、锰、硅等，还可以冲淡水体有机质浓度、降低有毒物质浓度，促使池水所含成分的平衡，防止池水的老

化。春季池塘浅注水，秋季加深池水，还是提高池塘水温和延长鱼类生长期的措施。

池塘的注水时间和注水量，要根据季节、池水的肥度、鱼类浮头情况和池塘水位的变化灵活掌握。在早春和晚秋，一般每 10～15d 加水 1 次，每次加水 20～30cm；在鱼类的生长旺季，每 5～7d 就要注水 1 次，每次可注水 10～20cm。

3. 定期搅动底泥 对池底淤泥进行搅动，可以造成池水的上下混合，打破池水的热分层，使上层的氧盈及时偿还底层的氧债，提高底层的水温和溶解氧。同时，搅动底泥可以使底层沉积的有机物泛起，促进底部有机物质分解，并释放出被底泥所吸附的营养盐类和微量元素，保持营养物质在上下水层分布的平衡。搅动底泥，还可以释放出淤泥中的有毒物质。对促进池塘中饵料生物的生长繁殖、防止池水的老化和改良浮游生物的组成都有显著效果。搅动底泥的时间一般可掌握在每月 1 次左右，选择晴天的中午进行。

三、机械法改良水质

常用增氧机械

1. 增氧机 合理使用增氧机，能起到搅水、增氧、曝气的作用，是池塘精养高产必不可少的安全保障措施。增氧机通过搅水、曝气等作用造成的对流，提高溶解氧和散发水中的有毒气体。为了充分发挥增氧机的作用，要正确掌握开机的时间。晴天中午开机，12：00～15：00 开机 2～3h，但阴天的白天不要开机，以免破坏浮游植物在表层利用弱光进行光合作用；阴天在翌日早晨开机，缓解鱼类浮头；连绵阴雨或由于水肥鱼多，池水中氧量较低，在半夜就开机，避免因严重浮头死鱼；晴天的傍晚一般不要开机，避免搅动底泥，增加耗氧，延长低氧的时间。

2. 水质改良机 水质改良机通过抽吸底层水及塘泥喷洒于池塘表面，加速有机物氧化、分解，喷水增加水体溶解氧，达到改善水质的效果。水质改良机不但可以引起池水的对流，还起到搅动底泥的作用，降低池塘的氧债，改善池塘的溶解氧条件。喷泥的时间要根据水温、天气、水质及塘泥的多少等灵活确定。在晴天的 12：00～14：00 进行，喷泥的面积一般不要超过池塘面积的一半，以防耗氧过多，造成缺氧浮头。在鱼类的生长季节，一般每 5～7d 喷 1 次塘泥。

3. 潜水泵 在池塘的中央或一端安装1台潜水泵，管口固定1个锥形瓷碗，抽吸底层水通过环形缝隙把水喷向空中，使水雾化后落入池中，以达到提高池水溶解氧、加快氨氮的硝化过程。不仅可以发挥喷水式增氧机作用，还可以抽吸底层水进行增氧，有较好的改良水质的作用。

四、化学改良法

所谓化学法，是指向池塘中施放某种化学药剂，达到改良水质的目的。在养鱼生产中，常用的化学药剂有生石灰、化学生氧剂和专门配制的水质改良剂等。

1. 生石灰 池塘定期泼洒生石灰，是我国目前应用最广的一种水质改良剂，也是一种高产稳产的技术措施。泼洒生石灰水，可以提高池水的 pH，增大池水的硬度，改善池水和底泥的胶体结构，释放所吸附的营养元素。因此，施用生石灰可增加池水的肥力，提高二氧化碳的储备。同时，对鱼病预防也发挥一定的作用。生石灰的施用，根据池水 pH 的变化情况，一般每 10～15d 可泼洒 1 次，每次用生石灰 150～300kg/hm²。

2. 生氧剂 池塘内投放一定的化学物质，使其分解或与水起某种化学反应后生成氧气，从而达到氧化有机物质、消除有害毒物（氨、硫化氢、甲烷等）、增加溶解氧、改善水质的作用。

目前，常用的生氧剂有过氧化钙（CaO_2）、过氧化钡（BaO_2）等，放入水中后可以缓慢地释放出氧气，而不形成一定量的过氧化氢。因为0.001％浓度的过氧化氢，对水生生物就会有明显的毒害作用。故一般不用纯态的过氧化氢为水体增氧。其化学反应方程式为：

$$2CaO_2 + 4H_2O \longrightarrow 2Ca(OH)_2 + 2H_2O_2 + O_2 \uparrow$$

五、生物改良法

1. 微生态制剂的使用　微生态制剂是在微生态学理论的指导下，调整生态失调，保持微生态平衡，提高宿主（人、动植物）健康水平的活菌制品（微生物）及其代谢产物，以及促进这些菌群生长繁殖的物质制品。

近几年来，人们越来越注意到微生态制剂在水产养殖中的重要作用，它不仅能改善水产动物体内的微生态平衡，刺激机体的免疫系统，颉颃致病微生物，减少病害的发生，促进水产动物生长发育；还能降解有机废物，净化养殖水质，改善养殖生态环境。目前，用于改良池塘养殖水环境的微生态制剂主要有以下几类：

（1）光合细菌。一类以光作为能源、能在厌氧光照或好氧黑暗条件下利用自然界中的有机物、硫化物、氨等作为供氢体兼碳源进行光合作用的微生物。其适宜水温为15～40℃，最适水温为28～36℃。在水产养殖中运用的光合细菌主要是光能异养型红螺菌科中的一些品种，如沼泽红假单胞菌，产品性状为紫红色液体。

（2）芽孢杆菌。芽孢杆菌是细菌的一类，能形成芽孢（内生孢子）的杆菌或球菌，包括芽孢杆菌属、芽孢乳杆菌属、梭菌属、脱硫肠状菌属和芽孢八叠球菌属等。

芽孢杆菌在水产养殖的水质调节中扮演着重要的作用。它能迅速降解进入养殖池的有机物，包括鱼的排泄物、残余饲料、浮游植物尸体和池底淤泥，使之生成硝酸盐、磷酸盐、硫酸盐等无机盐类，有效降低水中COD、BOD的含量，使水体中的氨态氮与亚硝态氮、硫化物浓度降低，从而有效地改良水质，避免有机物在养殖池的沉积，维持良好的水域生态环境。

（3）硝化细菌。硝化细菌是一种好氧性细菌，包括亚硝化菌和硝化菌。硝化细菌生活在有氧的水中或沙层中，在氮循环水质净化过程中扮演着很重要的角色，能将氨氧化为亚硝酸和进一步氧化为硝酸。硝化细菌已经广泛地应用于水产养殖中，人们普遍利用硝化细菌来降低养殖水体中氨态氮和亚硝态氮的含量，从而达到改善养殖水体水质和净化养殖废水的目的。

（4）EM菌。EM菌是一种复合微生物制剂产品。EM是有益微生物群的英文缩写，是以光合细菌、乳酸菌、酵母菌和放线菌等为主的6个属56余个微生物复合而成的一种微生物活菌制剂。在水产养殖中，能够有效降解养殖水体中的氨氮、亚硝酸盐、硫化物、COD，能增加溶解氧，稳定酸碱度，调控养殖池微生物生态结构，改善养殖水环境。

2. 生物浮筏　池塘养殖投入饲料中的氮（N）、磷（P）仅20％～30％被鱼利用，大量的营养物质以多种形态存在于水体和底泥中，促进了养殖水体富营养化过程，进而影响鱼类生长，引发养殖鱼类疾病，用药增加，导致水产品药物残留等质量安全问题；养殖废水的排放，会产生环境污染。创建基于环境友好和水产品质量安全的养殖模式，是池塘养殖业可持续发展的必由之路。

近年来，在国家大宗淡水鱼类产业技术体系资助下，国家大宗淡水鱼类产业技术体系华中区养殖模式团队致力于生物浮床在养殖池塘水质改良关键技术的研究。实践证明，生物浮床具有成本低、构建简单、管理容易、水质改良效果好、经济和生态效益显著等优点。

（1）生物浮床改良水质的技术原理。通过生态工艺搭建浮床，将植物栽培在其中形成生物浮床。浮床植物在生长过程中，对水体 N、P 等营养元素吸收利用；浮床植物根系通过吸附和絮集等作用，可形成根系微生态环境，根系表面的微生物对水体中的有机污染物和营养盐进行分解和利用；最后，收获浮床植物，以植物产品形式将 N、P 等营养物质以及吸附在根系表面的污染物移出养殖池塘，使水体中的富营养化物质大幅度减少，达到改良水质、修复池塘水生生态环境的目的（图 1-16、图 1-17）。

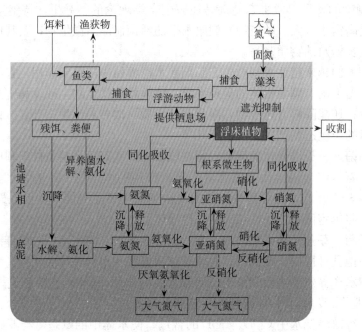

图 1-16　生物浮床对池塘系统中氮循环的影响

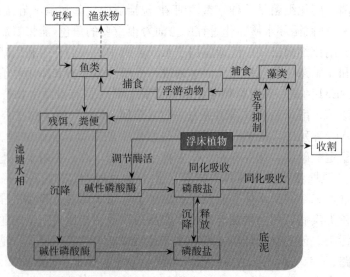

图 1-17　生物浮床对池塘系统中磷循环的影响
（国家大宗淡水鱼类产业技术体系华中养殖模式团队提供）

（2）生物浮床的构建与架设。简易生物浮床框架可用PVC管、毛竹等制成需要的形状，并铺上网片即可。网片网目的大小，以能够防止养殖鱼类进入到网片上面为准。为了防止草鱼、团头鲂等草食性鱼类啃食浮床植物的根茎，可在浮床外围设置保护网片。

（3）浮床植物移栽及采收。目前，可用于浮床栽培的植物达130余种，大致可以归为水果蔬菜类、观赏花卉类、经济作物类。选择浮床植物的首要标准是生长速度快，分蘖能力强，根系发达，吸收能力强，适合水培和当地气候环境。实践表明，水蕹菜（俗称空心菜或竹心菜）具备喜湿耐热、生长迅速、经济易得等优点，是较为理想的浮床植物。

浮床植物需要在陆地培育至一定规格的幼苗，再移植到浮床中。土培水蕹菜生长30d左右（茎长20cm左右）后移栽。一般在5月前后移栽到浮床上，种植时间可以延续到10月下旬。

适时采收是浮床植物高产、优质的关键。种植水蕹菜水面以上茎长达25cm以上时即可采收（图1-18）。

图1-18　采收前的水蕹菜
（国家大宗淡水鱼类产业技术体系华中养殖模式团队提供）

 实　训

实训项目 一 参观养殖场

1. 实训时间　1d。
2. 实训地点　养殖场。
3. 实训目的
（1）了解渔场的基本条件。
（2）了解渔场平面布局，进排水系统，各类型鱼池的参数（面积、池深、水深、边坡、池底比降等）。
（3）了解渔场机械设备配置。

4. 实训内容

（1）参观渔场整体布局，进排水系统，机械设备配置。

（2）同渔场技术人员座谈，咨询渔场建设相关内容。

5. 实训总结　通过参观，并查阅资料，对该场场址选择、平面布局、进排水系统设计等方面提出个人意见，整理形成书面报告。

实训项目 二 主要养殖鱼类识别

1. 实训时间　2学时。

2. 实训地点　实验室。

3. 实训目的　能熟练准确地识别主要养殖鱼类。

4. 实训材料　青鱼、草鱼、鲢、鳙、鲤、鲫、鳊、鲂、罗非鱼、鲮等食用鲜活鱼。

5. 实训内容　根据体形及其他鉴别特征分组识别主要养殖鱼类：

（1）青鱼、草鱼。

（2）鲢、鳙。

（3）鳊、鲂。

（4）鲤、鲫。

（5）罗非鱼。

（6）鲮。

6. 实训报告　提交实训报告，内容应包括上述鱼类主要鉴别特征。

综合测试

1. 解释名词　三塘合一　透明度　硬度　碱度

2. 选择题

（1）青鱼、草鱼、鲢、鳙均属于（　）鱼类。

　　A. 冷水性　　　　　B. 亚冷性　　　　　C. 温水性　　　　　D. 热水性

（2）以下主要养殖鱼类中，（　）是典型的滤食性鱼类。

　　A. 青鱼、草鱼　　B. 鲤、鲫　　　　C. 鲢、鳙　　　　D. 鲂、鳊

（3）新开挖池塘的塘基坡度以（　）为好。

　　A. 1∶（1～6）　　B. 1∶（4～5）　　C. 1∶（3～4）　　D. 1∶（1～3）

（4）一般水深1m的池塘，带水清塘每1/15hm^{2}用生石灰（　）kg。

　　A. 125～150　　B. 50～75　　　　C. 150～200　　　D. 200～250

（5）鱼苗池的面积宜为（　）m^2。

　　A. 3 335～6 670　B. 667～1 334　C. 6 667～10 000　D. 4 670～6 670

（6）鱼苗池塘水深一般以（　）m为宜。

　　A. 0.5～1　　　B. 1～1.5　　　C. 1.5～2　　　D. 2～2.5

（7）尿素是（　）。

A. 粪肥　　　　B. 绿肥　　　　C. 氮肥　　　　D. 磷肥

(8) 无机肥具有的特点为（　　）。

A. 见效慢　　　B. 见效快　　　C. 营养全　　　D. 肥效持久

(9) 追施有机肥时要（　　）。

A. 一次施足　　B. 少量　　　　C. 多次　　　　D. 少量多次

(10) 下列处理养殖水质的方法中属化学法的是（　　）。

A. 沉淀、气浮、中和法、混凝法、氧化法

B. 中和、混凝、氧化

C. 中和、氧化、活性污泥法、化粪池法

D. 中和、混凝、氧化、化粪池法

(11) 渔用肥料种类较多，较适宜作为基肥的是（　　）。

A. 氮肥　　　　B. 磷肥　　　　C. 发酵腐熟的有机肥　　　D. 钾肥

(12)《渔业水质标准》（GB11607—89）规定，一昼夜 16h 以上溶解氧必须大于 5mg/L，其余任何时候的溶解氧不得低于（　　）mg/L。

A. 3　　　　　　B. 4　　　　　　C. 2　　　　　　D. 1

(13) 透明度在（　　）cm，说明池水过瘦。

A. <20　　　　B. 20～30　　　C. 30～40　　　D. >40

(14) 关于用漂白粉清塘，下列说法错误的是（　　）。

A. 漂白粉受潮易分解，有效氯下降

B. 漂白粉加水溶解后要立即全池泼洒

C. 漂白粉宜用金属容器存放于阴暗干燥处

D. 漂白粉加水后放出初生态氧，挥发、腐蚀性强，能与金属起作用

3. 简答题

(1) 养殖场选址时，主要应考虑哪些条件？

(2) 池塘水质改良的方法有哪些？

(3) 如何选择养殖鱼类？

02 模块二　鱼类人工繁殖

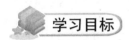
　　了解主要养殖鱼类性腺发育规律和环境因素对鱼类性腺发育的影响；理解中枢神经系统和内分泌系统在鱼类繁殖中的作用；掌握亲鱼培育、人工催产、人工授精和受精卵孵化技术。

基础知识

一、鱼类性腺发育规律

　　鱼类的性腺是由体腔背部 2 个隆嵴（生殖嵴）发育而来的，生殖嵴的上皮细胞转化为原始生殖细胞，进一步分化成为卵原细胞和精原细胞，以后再以不同的方式发育成为卵子和精子。成熟的卵巢几乎占据了雌鱼体腔的大部分空间。未成熟的个体，性腺呈细线状，肉眼难以发现，因此很难分辨出雌鱼和雄鱼。

　　1. 卵细胞的生长发育　鱼类卵子是由原始生殖细胞，经过增殖期、生长期和成熟期发育而成的，各时期卵细胞的形态结构不同。

　　（1）卵原细胞的增殖期。卵原细胞反复进行有丝分裂，细胞数量不断增加，经过若干次分裂后，卵原细胞停止分裂，开始生长，向初级卵母细胞过渡。此阶段的卵细胞为第Ⅰ时相卵原细胞，以第Ⅰ时相卵原细胞为主的卵巢称第Ⅰ期卵巢。

　　（2）卵母细胞的生长期。此期分为小生长期和大生长期。

　　小生长期是指卵母细胞的生长期，开始时，细胞质呈微粒状，细胞核卵形，占卵母细胞的大部分，其内壁四周排列着许多小核（或称核仁），中央为粒状的染色质，有时细胞质中可见卵黄核。卵母细胞进一步发育，卵膜外出现了一层滤泡膜，由单层上皮细胞组成，内有长形的核。小生长期发育到单层滤泡为止，这时，称为第Ⅱ时相卵母细胞，以第Ⅱ时相卵母细胞为主的卵巢称为Ⅱ期卵巢。性腺未成熟的鱼，卵巢常有相当长的时期停留在Ⅱ期。

　　大生长期是营养物质生长的阶段。卵母细胞由于卵黄及脂肪的积存而体积大大增加。卵黄沉积可分为两个阶段，一个是卵黄开始沉积的阶段。此时卵膜变厚，出现放射状纹。滤泡膜的上皮细胞分裂为两层。卵黄粒（球）间的细胞质呈网状结构。卵黄开始沉积阶段的卵母细胞称为第Ⅲ时相卵母细胞，以第Ⅲ时相卵母细胞为主的卵巢称为Ⅲ期卵巢。另一个阶段是卵黄充塞阶段。滤泡膜仍为两层，但在滤泡膜与卵膜之间出现一层漏斗管状细胞。卵黄粒围绕空泡沉积并几乎充塞全部的细胞质部分，卵黄颗粒形状不一。在此时期的一些浮性卵中，出现了形状大小不一的油球。当卵黄充满整个卵母细胞时，营养生长结束。这时的卵母细胞已达到了第Ⅳ时相，以第Ⅳ时相卵母细胞为主的卵巢为第Ⅳ期卵巢。一般春季产卵的鱼类在前一年冬季即可进入本期，卵巢发育处于第Ⅳ期的时间长短因鱼的种类而异，总的来讲，比停留在Ⅲ期的时间短。

（3）成熟期。此期是完成了营养物质生长的卵母细胞进行核的成熟变化的时期。本期进行了2次成熟分裂，即减数分裂和均等分裂。成熟变化开始时，卵黄粒融合，细胞核出现极化现象，小核开始溶解于核浆内。此后，核膜溶解，染色体进行第1次成熟分裂，即减数分裂，释放出第一极体，此时的卵母细胞称为次级卵母细胞。接着开始第2次成熟分裂，此时的次级卵母细胞变成了成熟的卵细胞并产生第二极体。鱼类卵母细胞的第1次成熟分裂和第2次成熟分裂的初期在体内进行，由体内产出到受精以前处于分裂中期，至精子入卵后排出第二极体完成第2次成熟分裂。

卵细胞进行成熟变化的同时，滤泡上皮细胞分泌物质将滤泡膜与卵膜间的组织溶解吸收，于是成熟的卵排出滤泡外，成为卵巢内流动的成熟卵，这一过程称排卵；此时为成熟的第Ⅴ时相，此时的卵巢属第Ⅴ期。在适合的条件下，处于游离状态的卵子从鱼体内自动产出的过程，称为产卵。

卵母细胞由Ⅳ到Ⅴ期的成熟过程是很快的，往往在数小时或数十小时内完成。生产上把2次成熟分裂后的次级卵母细胞停留在分裂中期等待受精，称为卵子成熟。卵子过早或过晚排出，均会影响受精率。因此，在人工繁殖时准确把握卵的成熟时机，及时进行人工授精，是繁殖成功的关键。

2. 精细胞的发育　鱼类精子的发生，由原始生殖细胞经过繁殖期、生长期、成熟期和变态期4个连续发育时期而成为具有受精能力的精子。

（1）繁殖期。大型精母细胞（初级精原细胞）进行多次有丝分裂成大量小型精原细胞（次级精原细胞）。精原细胞进行有丝分裂比卵原细胞旺盛，产生精原细胞数目多。精原细胞近圆形，核圆形，直径 $9\sim12\mu m$，胞质内有大量的膜状结构和不活跃的高尔基复合体。

（2）生长期。初级精母细胞的形状和精原细胞相近，但核内染色质变为线状。核渐变为椭圆形，中心粒长出很短的轴丝变成基粒。高尔基复合体活性增高，四周聚集了许多液泡。初级精母细胞开始进入成熟分裂的前期，DNA立刻加倍。这是精子发生中DNA的最后复制。

（3）成熟期。初级精母细胞体积增大，进行2次成熟分裂。第1次为减数分裂，产生2个体积较小的次级精母细胞（直径 $4\sim5\mu m$），染色体数目减半；第2次为有丝分裂，产生2个体积更小的精母细胞（直径 $3\mu m$）。第1次成熟分裂前期又分为细线期、偶线期、粗线期、双线期和终变期。

（4）变态期（精子形成期）。这是雄性生殖细胞发育中特有的时期。首先精母细胞的核变成椭圆形，大部分原生质逐渐向细胞核的后面（将来变成尾部）聚集。与中心粒脱离的高尔基复合体向细胞核的前方移动，将来形成精子的顶器。2个中心粒在细胞核后方作前后排列，分别形成前结与后结。精子尾部的轴丝即从后结长出。线粒体逐渐分化为间节处的螺旋丝。当精细胞之间的细胞间桥完全消失之后，便成为成熟精子。

二、性腺的形态结构和分期

1. **卵巢的结构和分期** 大多数鱼类有 1 对卵巢，位于鳔的腹面两侧。未成熟的卵巢呈条状，成熟的卵巢里充满卵粒，并随卵粒的长大而逐渐膨大，最后可占据体腔的大部分。依据性腺体积、色泽、卵子成熟与否等标准，我国一般将鱼类卵巢发育过程分为 6 个时期，种类不同划分标准略有差别。国外也有采用 5 期和 7 期来划分的。

（1）第 I 期卵巢。为性腺紧贴于体腔膜上，为宽 1mm 左右的细线状透明体，左右各 1 个。呈淡玉色，肉眼不能区别雌雄。看不到卵粒，表面无血管或甚微弱。主要由第 I 时相卵细胞组成。

（2）第 II 期卵巢。为性腺正发育中的性未成熟或产后恢复阶段的鱼所具有。卵巢多呈扁带状，有较多细血管分布于组织中，卵巢中以处于小生长期的初级卵母细胞为主体。II 期卵巢既可以是 I 期卵巢直接发育而来，也可以是产过卵或退化到第 II 期的卵巢。

（3）第 III 期卵巢。卵巢呈青灰色，宽度 2cm 左右，肉眼已分辨出卵粒，但不能分离。卵母细胞开始沉积卵黄，且直径不断扩大，卵质中尚未完全充塞卵黄，卵膜变厚，有些鱼类出现油球。主要由第 III 时相卵母细胞组成。达到性成熟年龄以后的四大家鱼雌鱼，都是以第 III 期卵巢越冬，根据这一特点，可以作为选留亲鱼的依据。

（4）第 IV 期。卵巢长囊状，约占腹腔的 2/3，卵粒大而明显，卵巢多呈淡黄或深黄色，结缔组织和血管发达。卵巢膜有弹性。卵粒内充满卵黄。卵巢中以处于大生长末期的初级卵母细胞为主，此时细胞内已充满卵黄颗粒。四大家鱼此期可维持 1 月左右，若不能成熟排卵，卵子将生理死亡，卵巢也将退化。

亲鱼成熟：雌鱼卵巢已发育到第 IV 期，卵母细胞的卵核移向动物极受精孔所在位置的下方，可以进行人工催产。

（5）第 V 期卵巢。性腺完全成熟，卵巢松软，卵从滤泡中排出，成为流动的成熟卵，易挤出或自行流出。卵粒透明圆整如玉。卵巢松软呈青淡色。池养四大家鱼的卵巢不能自动发育到第 V 期，必须通过人工催产，使达到生长成熟的第 IV 时相卵母细胞完成成熟、排卵，而成为第 V 期卵巢。

（6）第 VI 期。池养四大家鱼卵巢发育到第 IV 期而没有进行人工催产，卵巢不能进入第 V 期，经过一定时间后，卵巢内的第 IV 时相卵母细胞趋向生理死亡或自然退化。如是刚产完卵后的卵巢，可分为一次产卵和分批产卵 2 种类型。前者卵巢体积大大缩小，组织松软，表面血管充血，少数未产出的卵母细胞很快退化吸收，卵巢即退化到 II 期再发育；后者卵巢退化到 III 期，向 IV 期发育。

卵子成熟，排卵和产卵，是彼此协调一致的不同生理过程，一旦生理失调，就可能导致上述过程发生紊乱。如水温过低（低于 18℃），成熟卵无法排卵，造成过熟；水温过高（30～35℃），则可排出未成熟的卵粒，还有催情药物剂量过大、昼夜温差过大、亲鱼受伤等都可导致混乱现象发生。

2. **精巢的结构和分期** 大多数鱼类有 1 对精巢，位于鳔的腹面两侧。未成熟的精巢呈淡红色、细线状；成熟的精巢呈乳白色，体积增大为长扁形块状，精巢内充满精子及部分不同发育阶段的精细胞。根据精巢在发育过程中，精细胞的形态结构及精巢本身的组织特点，可将精巢分为 6 期。

（1）第Ⅰ期。生殖腺很不发达，精巢细线状，半透明，紧贴于体腔膜上，肉眼不能辨别雌雄，精巢中存在分散的精原细胞。精原细胞外包有精囊细胞（精胞）。此期精巢在鱼类一生中只有一次。

（2）第Ⅱ期。精巢细带状，半透明或不透明，血管不显著。肉眼可以分辨雌雄，精巢内精原细胞增多，排列成群。构成实心的精细管，管间为结缔组织所分隔。

（3）第Ⅲ期。精巢圆柱形，粉红色，挤压雄鱼腹部或剪开精巢均无精液流出。精巢内主要存在大量初级精母细胞。鱼类排精后一般就退回到此期。

（4）第Ⅳ期。精巢袋状，乳白色，表面有血管分布。此期晚期能挤出白色精液。精巢中有初级精母细胞、次级精母细胞、精子细胞。

（5）第Ⅴ期。精巢块状，丰满，乳白色，其中充满大量精子及部分变态期的精子细胞。提起头部或轻压腹部时，黏稠的乳白色精液从泄殖孔涌出。

（6）第Ⅵ期。精巢枯萎缩小，细带状，淡红色，挤不出精液，精子已排出，精巢中仅有少量初级精母细胞和精原细胞及残留的精子。精巢一般退回第Ⅲ期再向前发育。精巢也可用成熟系数来衡量成熟度。

三、鱼类性成熟的年龄和性周期

1. 鱼类性成熟的年龄及其变动　各种鱼类都必须生长到一定年龄才能具有繁殖后代的能力，此年龄称为性成熟年龄。性成熟年龄因鱼的种类而异，即使是同种鱼，也会因各种原因而有变化，一般雄鱼比雌鱼的性成熟年龄要早。鱼类性成熟年龄大体上可分为3种类型：

（1）低龄性成熟类型。性成熟年龄为1龄或1龄以下。通常这类鱼性成熟个体小，它们或生活在高温水域；或从出生至性成熟生活的环境条件有很大的变动；或整个生命周期较短。低龄性成熟有利于种的延续。如洄游性的香鱼为1龄性成熟；热带与亚热带性罗非鱼2～3月龄即达性成熟。

（2）中等年龄性成熟类型。大多数鱼类属此类型，性成熟年龄为2～3或4～5龄。

（3）高龄性成熟类型。性成熟年龄在10龄左右或更高。这类鱼性成熟的个体较大，多生活于较高纬度，或生长速度较慢。鲟形目鱼类大多属此类型。

2. 性周期

（1）鱼类卵巢发育的周期性变化。当性成熟的鱼第一次产卵后，性腺即定期地按季节周期性地发生变化，称为性周期。在池养条件下，四大家鱼的性周期基本上是相同的，一般每年只有1个性周期，即只产1次卵。只有草鱼经强化培育还可以第2次产卵。开始性周期变化的鱼类（在长江流域），冬季（11月至翌年1月）卵巢处于Ⅱ～Ⅲ期，春季（2～4月）卵巢处于Ⅲ～Ⅳ期，夏季（5～7月）卵巢进入Ⅴ期，充满大量成熟的卵子，雌鱼腹部膨大，能挤出卵子。秋季（8～10月）卵巢显著萎缩，进入Ⅵ期，老一代卵子已经退化吸收，逐渐出现新生一代的卵子。

（2）鱼类精巢发育的周期性变化。当性成熟的鱼第一次排精后，性腺即定期的按季节周期性地发生变化。开始性周期变化的鱼类（在长江流域），冬季（11月至翌年1月）精巢处于Ⅲ期，春季（2～4月）精巢处于Ⅳ期，夏季（5～7月）精巢也进入Ⅴ期，轻压腹部能流出大量精液，此时是人工催产的极好时机。秋季（8～10月）精巢显著缩小进入Ⅵ期，精巢中残余的精子已经退化吸收，再进入一个新的周期性循环。

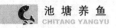
四、影响鱼类性腺发育的因素

鱼类性腺的发育、成熟、排卵和产卵过程中，它的外感受器——视觉、触觉和侧线器官接受外界环境（光照、温度、水流、异性等）的刺激，把信息传递到脑，经处理后传递到下丘脑，下丘脑的神经分泌细胞立即合成和分泌促性腺激素释放激素，通过毛细血管或神经纤维传入脑下垂体（PG），触发 PG 间叶细胞合成和分泌促性腺激素。促性腺激素经血液循环到达性腺，促使性腺产生性激素和促使精、卵细胞发育成熟和排卵、产卵和排精。

1. 神经——内分泌系统的调节

（1）下丘脑。鱼类脑的重要组成部分。位于间脑的腹下方，通过垂体柄与脑垂体紧连。具有内分泌功能，能分泌多种神经激素。如分泌的促性腺激素释放激素（GnRH），具有的作用有：①刺激 PG 合成和分泌促性腺激素（GTH）；②诱导排卵；③可诱导卵的成熟和精子的形成。

（2）脑垂体（PG）。鱼类 PG 位于脑腹面，与下丘脑相连。PG 分为神经部与腺体部两大部分，腺体部又可分为前叶、间叶和后叶（过渡叶）3 个区。PG 是内分泌系统的中枢，能分泌多种激素。其间叶细胞分泌的促性腺激素（GTH），具有促进性腺的性激素分泌，促进性细胞成熟和诱导性产物的排出等作用。

（3）性腺。具有分泌作用，卵巢中的滤泡细胞可分泌雌激素，精巢中的间质细胞分泌雄激素。性激素具有刺激性腺生长、发育和成熟；刺激产生副性征和生殖行为；对神经——内分泌作用的反应起反馈作用等。

2. 影响鱼类性腺发育的外界条件　鱼类是变温动物，其繁殖活动要受体内性腺发育的制约，也要受外界环境包括营养、温度、光照、水流等多种因素综合作用的影响。

（1）营养。鱼类在性腺发育过程中，卵巢增重约占鱼体重的 20%，因此需要从外界摄取充足的营养物质，特别是蛋白质和脂肪，以提供卵子生长所要积累的大量卵黄。一般，卵巢水分占 55%～75%，蛋白质占 20%～33%，脂质占 1%～25%，灰分占 0.7%～2.2%。除水分外，蛋白质含量最高，可见充分而优质的食物是保证鱼类性腺发育的基本条件，为处于生长期的卵母细胞提供原料。饲料种类和数量直接影响到性腺的发育成熟，饲料投喂充足，成熟卵子数量增加；反之减少，成熟系数下降，甚至推迟产卵期，或不能顺利产卵。春季亲鱼卵巢进入大生长期，必须强化培育投喂富含蛋白质的饲料。但若只给予丰富的饲料而忽略了其他生活条件，亲鱼虽可长得很肥，性腺发育却受到抑制，反而不利于繁殖。

（2）温度。温度对鱼类性腺的发育、成熟具有显著影响。由于同种鱼达到性腺成熟期的积温基本上是一致的，因此在我国南方或温热水域培育的亲鱼，持续水温高，性腺发育成熟早，就可提前产卵。温度对鱼类繁殖的重要性还表现在，每种鱼在某一地区开始产卵的温度是一定的，一般低于这一温度就不能产卵。如长江流域"四大家鱼"产卵水温为 18℃。正在产卵的鱼，遇到水温突然下降，往往发生停产现象。所以鱼类人工繁殖时，特别要注意天气变化，催产后须有几天时间保持适宜水温，才可能使产卵、孵化成功。

（3）光照。光照时间的长短，与鱼类性腺的发育和成熟有关。光线刺激鱼类的视觉器官，通过中枢神经，引起脑垂体的分泌活动，从而影响性腺的发育。鱼类的生殖周期，在很大程度上受光照时间长短的调节。在春季产卵的鱼，只要延长光照期，就能促进性腺发育，使亲鱼提早成熟产卵；而对秋冬季产卵的鱼类，需要缩短光照期，才能促进性腺发育和提前产卵。

（4）水流。流水对某些鱼类的性腺发育成熟及产卵显得特别重要。流水除对亲鱼有刺激作用外，还可提高水中的溶解氧。如江河中的"四大家鱼"在产卵季节，往往因降暴雨使水位猛涨，水流湍急，经数小时亲鱼即可完成从Ⅳ期卵巢向Ⅴ期的过渡而立即产卵。鱼类的侧线器官接受流水的刺激，通过中枢神经促使下丘脑 GnRH 的大量合成和释放，再激发脑垂体分泌 GTH，随后诱导它们发情产卵。

（5）盐度。固定生活在海水或淡水中的鱼类，其繁殖时仍需与生长相同的盐度。而溯河或降海性鱼类，在性腺成熟的过程中，盐度起重要作用。如鲥和暗纹东方鲀的性腺发育成熟和繁殖，必须在盐度低于 0.5 的淡水中进行；而鳗鲡和松江鲈的性腺发育和繁殖，必须在盐度高的海水中进行；有些栖息于河口和半咸水的鱼类如鲮，性腺仅在盐度高于 3 的水体中才会发育成熟。

生产案例

1996 年春季，四川省水产学校在重庆合川实习渔场培育的鲢亲鱼，因池水较肥，鱼的丰满度较高，再加上上游水库检修，水源紧张，春季亲鱼池冲水次数及每次冲水时间较短，5 月中旬对该池培育的鲢亲鱼陆续进行人工催产，共催产亲鱼 18 组，仅 3 组亲鱼产卵。可见亲鱼的肥满度和水流刺激对亲鱼性腺发育及人工繁殖的重要性。

3. 人工催产原理　四大家鱼的亲鱼经培育，性腺达到成熟（Ⅳ期末），这时在静水里是不能自行产卵的，必须人工注射催产剂（激素）才能够产卵、受精，进而孵化出鱼苗；人工催产就是人工注射外源性激素，使卵巢发育到第Ⅴ期，同时要保证影响新陈代谢所需的生态条件（水温、溶解氧等），从而促使亲鱼性腺发育成熟、排精、产卵。

五、鱼类的产卵类型

1. 根据鱼卵的性质划分　根据鱼卵的特点，可分为 4 种类型：

（1）漂浮性卵。这类卵产出后吸水膨胀，出现较大的卵黄间隙，但密度仍较大于水。如"四大家鱼"产漂浮性卵，它们在静水中下沉到水底部，在江河水流中则悬浮在水层中不断漂流，所以也称为半浮性卵。产这种类型鱼卵的鱼不能在静水里自然产卵，必须进行人工催产。

（2）黏性卵。卵的密度大于水，卵膜外具有黏性物，产出后能黏附于水草上或其他物体上，而不沉于水底。鲤、鲫、团头鲂等产黏性卵，遇水后黏附于水草上。所以，此类鱼能在静水池塘中自然产卵。

（3）浮性卵。卵的密度小于水，能在水面漂浮，大多数无色透明，鳜就产浮性卵。有些浮性卵含有油球，如鲥产的卵。

（4）沉性卵。卵的密度大于水，但无黏性或者黏性很小，卵黄间隙较小，产出后沉于水底。鲑、鳟鱼类等就产此类型的卵。

2. 根据鱼类的产卵批次划分

（1）一批产卵类型。此类型鱼类卵巢中卵母细胞的发育基本同步，如"四大家鱼"是典型的一批产卵类型。

（2）分批产卵类型。此类型鱼类卵巢中卵母细胞的发育不是同步的，卵母细胞分批成熟，分批产出，如鲤、鲫是典型的分批产卵类型。

六、鱼类的繁殖力

1. 性腺成熟系数　性腺成熟系数是指性腺重占鱼体重的百分数，可用来衡量性腺发育的程度。性腺成熟系数可按下列公式计算：

$$性腺成熟系数＝（性腺重/鱼体重）×100\%$$

$$性腺成熟系数＝（性腺重/去内脏鱼体重）×100\%$$

一般多采用第一种公式。"四大家鱼"卵巢的成熟系数，一般第Ⅱ期为 1%～2%；第Ⅲ期为 3%～6%；第Ⅳ期为 14%～22%，最高可达 30%以上。精巢成熟系数要小得多，第Ⅳ期一般只有 1%～1.5%。

2. 怀卵量　怀卵量的多少直接表示亲鱼的繁殖力大小，卵巢中的总卵粒（包括Ⅲ、Ⅳ时期卵母细胞），称为绝对怀卵量。由于怀卵量在一定范围内随亲鱼体重增长而增加，所以又可采用相对怀卵量来表示（表 2-1）。其计算公式为：

相对怀卵量＝绝对怀卵量（粒）/鱼体重（g）

亲鱼怀卵量的大小与亲鱼年龄、体重营养及生态环境有关，怀卵量越多，成熟系数越大。家鱼怀卵量较大，成熟系数一般在 20%左右。

表 2-1　长江流域"四大家鱼"的怀卵量

（引自张杨宗，《中国池塘养鱼学》，1989）

种类	体重（kg）	卵巢重（kg）	怀卵量（万粒）	每克卵巢的卵数（粒）	成熟系数（%）
鲢	4.8	0.25	20.7	828	5.2
	6.4	0.74	60.4	816	11.5
	7.5	0.71	71.5	1 007	9.5
	11.0	2.13	195.5	912	19.3
鳙	14.2	1.15	98.3	855	8.1
	19.3	2.30	175.4	762	11.9
	21.0	2.50	225.6	902	11.8
	31.2	5.30	346.5	654	16.9
草鱼	6.3	0.34	30.7	903	5.4
	7.5	1.07	67.2	628	14.2
	10.5	2.04	106.9	524	19.3
	12.5	2.26	138.1	611	18.8
青鱼	13.3	1.32	100.3	760	9.9
	18.3	1.65	157.5	954	8.7
	26.3	2.40	254.4	1 060	9.2
	34.0	4.90	336.7	687	14.4

3. 产卵量　指有效的产卵数。以每千克鱼体重平均产卵量计。鲢、鳙、草鱼 7 万粒/kg 左右，最高可达 10 万粒/kg；鲮、青鱼 5 万粒/kg 左右。

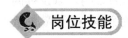 岗位技能

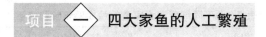

家鱼人工繁殖

鱼类的人工繁殖，是指鱼类在人工控制的条件下达到性成熟，排卵、产卵、受精、孵化以及获得鱼苗的一系列过程。生产上包括亲鱼培育、人工催产、鱼卵孵化 3 个主要环节。

一、亲鱼培育

亲鱼是指已达到性成熟年龄并能用于人工繁殖的种鱼。通过良好的饲养管理条件，促进亲鱼的性腺发育，培育出成熟度高的优质亲鱼，这是家鱼人工繁殖非常重要的一个环节，直接影响到人工繁殖的效果。所以人工繁殖的成功，主要依赖于亲鱼的来源、亲鱼的质量以及亲鱼的数量。

（一）亲鱼来源和选择

1. 亲鱼的来源 亲鱼的来源：①直接从江河、湖泊、水库、池塘等水体中，捕捞性成熟或接近性成熟的种鱼；②从江河、湖泊、水库、池塘等水体中捕捞幼鱼，在培育池中专门培育直至性成熟；③完全人工繁殖后代，逐渐选育出优秀的个体。为了防止近亲繁殖带来的劣势影响，最好在不同来源的群体中对雌雄亲鱼分别进行选留，并注意选用的性成熟个体年龄不能太大。此外，从养殖水体或天然水域捕捞商品鱼时选留的亲鱼，最好在亲鱼培育池中专池培育一段时间，至翌年再催产效果较好。

2. 亲鱼的选择 要得到产卵量大、受精率高、出苗率多、质量好的鱼苗，保持养殖鱼类生长快、肉质好、抗病力强、经济性状稳定的特性，必须认真挑选合格的亲鱼。挑选亲鱼时，从以下几个方面选择：

（1）雌雄鉴别。总的来说，养殖鱼类两性的外形差异不大，细小的差别，有的终身保持，有的只在繁殖季节才出现，所以雌雄不易分辨。目前主要根据追星（也称珠星，是由表皮特化形成的小突起）、胸鳍和生殖孔的外形特征来鉴别雌雄（表 2-2）。

表 2-2 四大家鱼雌雄特征比较

鱼类性别	雄鱼	雌鱼
草鱼	胸鳍鳍条较粗大而狭长，自然张开呈尖刀形；在生殖季节性腺发育良好时，胸鳍内侧及鳃盖上出现追星，用手抚摸有粗糙感觉；性成熟时，轻压精巢部位，有精液从生殖孔流出	胸鳍鳍条较细短，自然张开略呈扇形。一般无追星，或在胸鳍上有少量追星
青鱼	基本同草鱼。生殖季节性腺发育良好时，头部也明显出现追星	胸鳍光滑无追星
鲢	在胸鳍前面的几根鳍条上，特别在第一鳍条上明显的生有一排骨质的细小栉齿，用手抚摸，有粗糙、刺手感觉。这些栉齿生成后，不会消失；腹部较小，性成熟时轻压精巢部位有精液从生殖孔流出	只在胸鳍末梢很小部分才有这些栉齿，其余部分比较光滑。腹部大而柔软，泄殖也常稍突出，有时微带红润
鳙	在胸鳍前面的几根鳍条上缘各生有向后倾斜的锋口，用手向前抚摸有割手感觉。腹部较小，性成轻压精巢部位有精液从生殖也流出	胸鳍光滑，无割手感觉。腹部膨大柔软，泄殖也常突出，有时稍带红润

（2）性成熟年龄和体重。由于光照、温度、食物等环境条件对个体的影响，以及种间差异，鱼类性成熟的年龄和体重有所不同，有时甚至差异很大。为了杜绝个体小、早熟的近亲繁殖后代被选作亲鱼，一定要根据国家和行业已颁布的标准进行选择（表2-3）。

表2-3 不同纬度四大家鱼的性成熟年龄和体重

鱼类	华南地区		华东、华中地区		东北地区	
	年龄（年）	平均体重（kg）	年龄（年）	平均体重（kg）	年龄（年）	平均体重（kg）
鲢	2～3	2左右	3～4	3左右	5～6	5左右
鳙	3～4	5左右	4～5	7左右	6～7	10左右
草鱼	3～4	4左右	4～5	5左右	6～7	6左右
青鱼	—	—	5～7	15左右	8以上	20左右

另外，我国幅员辽阔，南北各地的鱼类成熟年龄和体重并不一样。南方成熟早，个体小；北方成熟晚，个体较大。

（3）雌雄搭配。选留亲鱼的雌雄搭配比例一般应在1∶（1～1.5），即雄鱼略多于雌鱼。

此外，亲鱼必须健壮无病，无畸形缺陷，鱼体光滑，体色正常，鳞片、鳍条完整无损，因捕捞、运输等原因造成的擦伤面积越小越好。

（二）亲鱼放养

亲鱼的放养，可以是单养也可以是混养，多数采用混养模式。因为混养既可以做到使亲鱼性腺发育良好，又能充分利用水体（表2-4）。

表2-4 四大家鱼亲鱼放养密度和混养搭配（667m²）

亲鱼	放养密度	混养种类及密度
青鱼	10～15尾（总重200～250kg）	可搭养鲢亲鱼8～10尾或鳙亲鱼4～5尾
草鱼	15～20尾（总重125kg左右）	可搭养鲢亲鱼5～10尾、鳙亲鱼1～2尾，池内螺蛳多时，搭养青鱼亲鱼2～3尾
鲢	15～25尾（总重60～100kg）	可搭养鳙亲鱼2～3尾，池内水草多时可搭养草鱼亲鱼2～3尾或后备草鱼亲鱼10～15尾
鳙	10～15尾（总重75～125kg）	可搭养鲢亲鱼1～2尾（或不搭养），池内水草多时搭养草鱼亲鱼2～3尾或后备草鱼亲鱼10～15尾

（三）亲鱼培育

亲鱼培育的过程就是一个人为创造条件，使雌雄亲鱼性腺（卵巢、精巢）发育至成熟的过程。亲鱼性腺发育的好坏，直接影响到催产率、受精率和孵化率。而这个过程不但需要充足的食物和营养物质，而且还要有优良的饲养生态环境以及合理的饲养管理措施。

青鱼、草鱼、鲢、鳙亲鱼培育池要求水源好，排注方便，水质好，不能有工业污染。阳光充足，距产卵池、孵化池不能太远。鱼池面积一般2 000～2 668m²，水深1.5～2m，以长方形为好，池底平坦，以便管理和捕捞。一般每年清整1次，主要是清除过多的淤泥，平整加固池塘四周，清除野杂鱼，杀灭病原体等。

1. 鲢、鳙亲鱼培育 鲢、鳙以浮游生物为主要食物，所以可采用施肥为主的培育方法。有时为补充亲鱼的营养需要，可适当地投喂一些精料。常用肥料是发酵后的畜、禽粪肥及绿肥和无机肥。精料，主要用豆饼磨浆投喂。放养前 7～10d，每 667m² 施粪肥100～150kg，或绿肥 200～250kg 作为基肥。以后，按晴天中午池水透明度能保持在 20～25cm 作为标准，采取少量多次的方法施追肥。夏、秋季，亲鱼性腺从产后（Ⅵ期）逐渐退化至Ⅱ（Ⅲ）期，又从Ⅱ（Ⅲ）期开始向Ⅲ（Ⅳ）期发育，因这段时间水温高，代谢旺盛，每 667m² 每月需追施粪肥 750～1 000kg。入冬前为保证性腺继续发育的营养需要和安全越冬，仍需重施追肥。入冬后，只施少量追肥维持水质，保证亲鱼不掉膘。为补充天然饵料的不足，产前、产后和越冬期间，均需适当补充精料。每 667m² 鱼池全年精料的用量为 200～300kg。每天投饲量为鱼体重量的 2%～4%。产后，为迅速恢复体力，可每天投喂 2 次，其他时间投喂 1 次。培育亲鱼，同样要求肥、活、嫩、爽的水质，故需定期注水，避免水质老化和泛池，并借注水促进性腺发育。夏、秋季，每月至少注水 2 次；冬季可不加注新水，但越冬前要加满池水；开春后要酌施肥料，一般每 667m² 每次施尿素 2.5kg 和过磷酸钙 5kg，使池水迅速转肥；临产前 1 个月，每周冲水 1～2 次，每次 2～4h；产前半个月，冲水次数应酌情增加，必要时甚至隔天或每天冲水，要绝对防止出现浮头。大量冲水时，为保持池水肥度，可抽本塘池水回冲，或用相邻两池水互冲。

2. 草鱼、青鱼亲鱼培育 青鱼亲鱼培育，以螺、蚬为主，辅投豆饼、菜饼、蚕蛹或颗粒饲料。可不用食台，食场设在池边浅水处。投喂要求为饲料新鲜不变质，池鱼不断食，以吃饱为宜。青鱼亲鱼池的池水不宜过肥，透明度以不低于 30cm 为宜。由于投饲量大，单纯靠混养的鲢、鳙调控水质，常不易达到要求，需适时注换新水。夏、秋季，每月注水 1～2次；冬季，只要水质不恶化，可不加水；产前，由每 3～5d 冲水 1 次，渐变为 2～3d 冲水 1次，以使池水水位升高 20～30cm 为度。

草鱼亲鱼培育，以青饲料为主，精饲料为辅。青饲料需设草架；精饲料可不搭食台，但要固定食场。青饲料的日投喂量为鱼体重的 30%～50%，精饲料为鱼体重的 1%～3%。具体投喂量以每天傍晚吃完为度。产后需辅投精饲料，让其迅速恢复体力；冬季水温低，食欲不旺，青饲料不易解决，可每周选 1～2 个晴天，酌情投喂精饲料，避免掉膘；开春，青饲料较难满足，可由青、精饲料相结合（精饲料主要用谷、麦芽），逐步过渡到以青饲料为主；其他时间，原则上都应投喂青饲料。草鱼摄食量大，水易肥，故旺食季节隔 3～5d 注水 1次，每次注水量为池水水位上升 15cm 左右。产前 1 个月，每周注水 2 次；产前半个月，隔天冲水。总的来说，草鱼亲鱼要严防缺氧浮头，产前所需流水刺激的程度也比青鱼亲鱼高，因此，全期的注换水次数较多。

二、人工催产

（一）催产设施

1. 产卵池 产卵池应靠近水源、亲鱼培育池以及孵化池，同时交通要方便。家鱼产卵池主要模拟江河天然产卵场的流水条件，包括产卵池、集卵池和排灌设施。产卵池的种类很多，用得最多的一般为圆形（图 2-1）或椭圆形产卵池。产卵池面积 50～100m²，一般为砖混结构。圆形产卵池直径 8～10m，池底由四周向中心倾斜，一般中心较四周低 10～15cm。池深 1.0～1.5m，池底中心设方形或圆形出卵口 1 个，上盖拦鱼设施，受精卵由暗道引入集卵池。集卵池一般为长 2.5m、宽 2m 的长方形，其池底一般较产卵池池底低 25～30cm。在集卵池尾部设溢水口 1 个，底部设排水口 1 个，最好由阀门控制排水。产卵池进水口设有可

调节水流量的阀门以便调节流速等，要求冲水形成的水流不能有死角，同时池壁要光滑，便于冲卵。

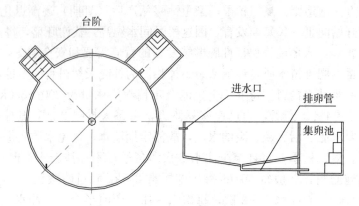

图 2-1　圆形产卵池
（引自戈贤平，《池塘养鱼》，2009 年）

2. 催产工具

（1）捕捞亲鱼网。用于在亲鱼池捕捞亲鱼。要求网目不能太大，通常为 1.0～1.5cm，且材料要柔软而较粗，以免伤鱼，可用 6 号或 9 号的棉线或尼龙线制成。网的宽度一般为 6～7m，长度一般为亲鱼池宽的 1.4 倍左右，设有浮子和沉子。用于产卵池的亲鱼网，可不设浮子和沉子。

（2）亲鱼夹和采卵夹。亲鱼夹是提送及注射亲鱼时用的，采卵夹为人工授精时提鱼用的（图 2-2）。两种夹规格完全相同，只是采卵夹在夹的后端开了 1 个洞，使亲鱼的生殖孔露出来。亲鱼夹多用细帆布或白棉布制成，长 0.8～1m、宽 0.7～0.8m，在宽的两侧把布向内拆少许缝合好，内穿插 1 根竹竿或木棍即成。

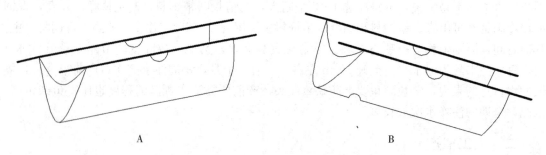

图 2-2　亲鱼夹和采卵夹
A. 亲鱼夹　B. 采卵夹

（3）集卵箱。形似网箱，用于收集鱼卵，用尼龙筛绢制作，面积为 0.5～1.0m²，深 0.5m 左右。箱的一侧留一直径为 10cm 的孔，供连接导卵管用；而导卵管的另一端与产卵池底部的出卵管相接，从而将卵导入集卵箱。另外，还要 1 个大的存卵箱，用以存放集卵箱收集到的卵。

（4）其他工具。注射器（1、5、10mL），注射针头（6、7、8 号），消毒锅，镊子，研钵，量筒，温度计，电子秤，解剖盘，脸盆，毛巾，纱布，药棉等。

（二）催产季节

在最适宜的季节进行催产，是家鱼人工繁殖取得成功的关键之一。长江中下游地区适宜催产的季节是 5 月中上旬至 6 月中旬，华南地区约提前 1 个月。华北地区是 5 月底至 6 月底，东北地区是 6 月底至 7 月上旬。催产水温 18～30℃，而以 22～28℃ 最适宜（催产率、出苗率高）。如果当年气温、水温回升快，催产日期可提早些；反之，催产日期相应推迟。

（三）成熟亲鱼的选择

选好性成熟的亲鱼，是进行人工催产的关键。目前，生产上判断亲鱼性成熟状况，主要靠经验。其方法主要有外形观察、取卵观察和快速固定液检查。

1. 外形观察　催产用雄亲鱼的选择标准：从头向尾方向轻挤腹部即有精液流出，若精液浓稠，呈乳白色，入水后能很快散开，为性成熟的优质亲鱼；若精液量少，入水后呈线状不散开，则表明尚未完全成熟；若精液呈淡黄色近似膏状，表明性腺已过熟。催产用雌亲鱼的选择标准：鱼腹部明显膨大，使鱼腹朝上并托出水面，凡见到腹部两侧明显膨大，腹中线微凹，轻拍腹部可见卵巢晃动，卵巢轮廓明显。用手摸后腹具有柔软而富有弹性的感觉，生殖孔红润稍窄（饱满），表明性腺成熟较好，可以选用。

这里需说明的是，青鱼雌鱼往往腹部膨大不明显，只要略感膨大，有柔软感即可。还要注意检查草鱼亲鱼时，需停食 2～3d，以免过食后形成假象。

2. 取卵观察　可更准确地判断亲鱼成熟的程度。将取卵器轻轻插入亲鱼生殖孔，然后偏向左侧或右侧，旋转几圈抽出，便可得到少量卵粒。若取卵器在靠近生殖孔就能得到卵粒，且卵粒大小整齐、饱满、颜色鲜明、光泽好、易分散，大多数卵核已极化或偏位（卵已成熟），则表明雌亲鱼性腺发育进入最佳催产期。若卵粒不易挖出，且大小不整齐，不易分散，成团状，灰白色，则表明性腺成熟度不够，不能选用。若亲鱼腹部过于松软，无弹性，卵粒扁塌或呈糊状，则表明亲鱼性腺已退化。

3. 快速固定液检查法　快速固定液由 95% 的酒精 85 份、福尔马林 10 份、冰醋酸 5 份配制而成。将取出的鱼卵放入固定液中 2～4min 进行观察。如卵核中位，说明该鱼尚未成熟，不能选用；凡卵核偏心，偏位率达 70% 以上的，则可用于催产。

4. 雌雄亲鱼配组　选好的亲鱼要进行编号、称重，同一种亲鱼放入同一产卵池，雌雄比例通常为 1∶1。按 1∶1 配好后再多加 1 条雄亲鱼，可以提高催产效果及受精率。若雄亲鱼数量较少，原则上每 5 尾雌亲鱼搭配雄亲鱼的数量不得低于 3 尾。若雄亲鱼的数量太少，可在亲鱼发情后采取人工方式授精，可提高受精率。

生产案例

四川省泸县鱼种站 2013 年 5 月 25 日共催产鳙亲鱼 5 组，因该站养殖的鳙亲鱼的年龄均在 20 龄以上，亲鱼规格在 25～30kg，近年来未补充后备亲鱼，雄亲鱼的数量略少于雌亲鱼，仅选出了 4 尾规格大致同雌亲鱼的雄亲鱼配组。该站对这 5 组亲鱼选用绒毛膜促性腺激素（HCG）一次性注射催产，因亲鱼年龄太大，催产剂量确定为雌鱼 1 300IU/kg，雄鱼剂量减半。因繁殖鱼类在黎明前产卵效果最好，为此，该站根据不同水温下的效应时间来安排最后一次催产注射的时间。催产这批亲鱼的水温为 24℃，根据历年来的催产经验，该温度下的效应时间在 $10 \sim 12h$，因此，该站安排催产时间在 18：00 左右，催产完毕后亲鱼被送到产卵池待产。6 月 26 日凌晨，亲鱼开始发情，继而产卵，收集卵到孵化池孵化。产卵完毕后统计产卵数，共 1 543 万粒卵（用白瓷盆计算，每盆卵 6 万粒，共 257 盆稍多一点）。对产后亲鱼进行检查，5 尾雌鱼全产。到鱼卵胚胎发育至原肠期，随机抽样鱼卵进行受精率统计，受精率为 89.4%。6 月 1 日，水花鱼苗销售完毕后统计，共销售水花鱼苗 1 296 万尾，根据销售鱼苗数计算，受精卵的孵化率约 94%。

（四）催产注射

1. 催产剂的种类　目前，用于家鱼繁殖的催产剂主要有鱼类脑垂体（PG）、绒毛膜促性腺激素（HCG）、促黄体素释放激素类似物（LRH-A）等。

（1）鱼类脑垂体（PG）。鱼的脑垂体位于间脑腹面，与下丘脑相连，近似球形呈椭圆形，乳白色，内含促性腺激素（GTH），有促使精子和卵细胞的发育成熟，引起排卵、排精的作用。可在冬季或春季，把鲤、鲫等鱼类脑垂体摘下现用或保存。使用时将其研碎，制成悬浊液注射到鱼体内，起到注射 GTH 的作用，能促进性腺的进一步发育成熟并激发鱼发情产卵、排精。在水温较低的催产早期，使用 PG 效果较好。

（2）绒毛膜促性腺激素（HCG）。HCG 的主要成分是促黄体激素（LRH），具有促进亲鱼排卵的作用，也能促进性腺的发育。目前，市售的 HCG 是一种糖蛋白，易溶于水，吸潮后容易变质，遇热易失效，生物活性迅速下降，宜在阴凉或低温干燥处保存。其水溶液很不稳定，难保存。因此，使用时宜现配现用。单独使用时对草鱼催产效果差，对鲢、鳙的催产效果好，与 PG 相同，但催熟作用不及 PG。水温较高时，选用 HCG 较好。

（3）促黄体素释放激素（LRH）的类似物（LRH-A）。LRH 属多肽类化合物，具有促排卵的作用。LRH-A 是人工合成的九肽化合物，用于人工催产效果比 LRH 高。目前市售的类似物商品有"促排卵素 2 号（LRH-A$_2$）""促排卵素 3 号（LRH-A$_3$）""促排卵素 8 号（LRH-A$_8$）"等多个品种。其促使性腺成熟的效果较好。其作用类同于鱼的下丘脑分泌的促性腺激素释放激素。

（4）高效催产合剂。由多巴胺排除剂（RES）或多巴胺颉颃物（DOM、地欧酮、马来酸地欧酮）与 LRH-A 组成。从而显著增强 LRH-A 刺激鱼类 PG 分泌 GTH 和诱导排卵的作用，提高 LRH-A 的催产效果。现在生产中应用较多的有高效催产合剂 1 号（RES＋LRH-A）和高效催产合剂 2 号（DOM＋LRH-A）。

（5）A、B 型混合催产剂。A 型混合催产剂，是由 HCG 和适量的 LRH-A$_2$ 混合而成，主要用于催产鲢；B 型混合催产剂，是由 HCG 和适量的 LRH-A$_3$ 组成，催产鳙效果较好。

催产剂使用原则：①根据亲鱼种类而定。PG 对几种鱼均能使用；HCG 注射青鱼、草鱼无效；LRH-A 注射鲢、鳙效果不理想，可与 PG 或 DOM 合用；草鱼对 LRH-A 特别敏感，一次注射即可，青鱼宜使用 PG 和 LRH-A。②根据注射次数定。如 2 次注射，第 1 次多选用 PG 或 LRH-A＋DOM；多次注射催熟皆用 LRH-A。

2. 注射次数　催产剂注射次数，通常有一次注射、两次注射和多次注射。一次注射：对发育良好，成熟度很好的亲鱼，采用一次全剂量注射即可。可减少亲鱼受伤几率，减轻劳动强度。草鱼注射 LRH-A 常用此法。两次注射：这是理想的注射方法。其产卵率、产卵量和受精率均较高。特别适用于早期催产或亲鱼成熟度不够的情况下催产。第 1 次宜先注射少量 PG 或 LRH-A，以促使成熟度较差的卵子能在第 2 次注射后同步发育。两次注射可避免一次全量注射可能会引起亲鱼生理机能失调现象的发生。多次注射：适用于青鱼和成熟较差的亲鱼。前几次为催熟，最后一次为催产。两次或多次注射时第一次只注射少量的催产剂，若干小时后再注射余下的全部剂量。两次注射的间隔时间为 6～24h，一般来讲，水温低或亲鱼成熟不够好时，间隔时间长些，反之则应短些。

3. 催产注射液的配制　注射用水一般用生理盐水（0.6%的氯化钠液）、医用注射用水、蒸馏水，也可用清洁的冷开水配制。促黄体素释放激素类似物（LRH-A）和绒毛膜促性腺激素（HCG）均为易溶于水的商品制剂，只需注入少量注射用水，摇匀充分溶解后，再将药物完全吸出并稀释到所需的浓度即可。配制脑垂体时，将其置于干燥的研钵中，研成细粉，加少量水后，再研磨成稠液最后加全量水。制成悬浊液，离心，取上清液使用。催产剂注射液的配制方法：HCG、LRH 和 LRH-A 水剂，取所需用量溶于 0.6%生理盐水中。配成的注射液，应现配现用，以防失效，若 1h 以上不用应放入 4℃冰箱保存。注射液需略多于总用量（约 5%），以弥补注射时和配制时的损失。稀释剂量以便于注射为宜，但一般应控制在每尾亲鱼注射剂量不超过 2～3mL 为度。为此，在催产前应先称取雌鱼、雄鱼的体重，然后根据雌、雄鱼的注射剂量，取出药物，先用少量生理盐水溶解，再添加生理盐水稀释到注射量。

4. 催产剂注射剂量　鲢、鳙雌亲鱼，每千克注射剂量为一次注射：PG3～5mg 或 LRH-A10μg＋DOM3～5mg，或 HCG800～1 200IU；二次注射：第 1 次注射 LRH-A1～2μg，第 2 次 LRH-A10～20μg 加 PG 或 DOM0.5～1.0mg，针距（两次时间间隔）为 12～24h。也可第 1 次注射 LRH-A1～2μg，第 2 次注射 PG 或 HCG，剂量参考一次注射量，针距 12h 以上。草鱼雌亲鱼，通常采取一次注射，每千克注射剂量为：LRH-A10～20μg。也可用 PG2次注射，剂量和间隔时间同鲢、鳙。青鱼雌亲鱼，每千克注射剂量为：LRH-A 两次注射，第 1 次 2～5μg，第 2 次 10～20μg 加 PG1.5～2mg，针距 12～24h。

PG 两次注射：第 1 次 0.3～0.5mg，第 2 次 3.2～4.0mg，针距 6～12h。

LRH-A 多次注射：在催产前 20～30d 催熟法（催产时以两次注射）和连续 3～4 次注射法。催熟针剂量皆为每千克雌鱼 1～2μg，催产针剂量可参考 LRH-A 两次注射的第 2 次注射量，针距 24h。

通常，雄鱼催产剂注射剂量为雌鱼的一半，注射时间安排在雌鱼第 2 次注射或多次注射的最后一次同步进行。性成熟较差的雄鱼，也可增大注射剂量。此外注射催产剂时应注意，第 1 针剂量不宜随意加大，否则易导致早产；年龄较大的经产亲鱼，应适当增加剂量。HCG 用量过大会引起鱼双目失明、难产死亡等副作用，应加注意。

5. 催产剂注射部位和方法　注射前亲鱼称重，然后算出实际需注射的剂量。注射时，一人拿鱼夹子，使鱼侧卧，露出注射部位，另一人注射。注射器用 5mL 或 10mL 或兽用连续注射器，针头 6～8 号均可，用前需煮沸消毒。注射部位有两种（图 2-3）：一种是胸腔注射，注射鱼胸鳍基部（内侧）的无鳞凹陷处，将针头朝鱼头前方与体壁呈 60°角刺入，深度一般为 1.5～2.0cm，要注意不能伤及心脏；另一种是肌内注射，一般在背鳍下方（亲鱼侧线与背鳍之间）肌肉丰满处，用针头挑起鳞片，与体壁呈 45°角向前刺入肌肉 1～2cm 进行注射。不管是哪种注射方法，注射完毕迅速拔出针头，并用碘酒涂擦注射口消毒，以防感染。注射中若亲鱼挣扎跳动，应将针快速拔出，以免伤鱼。注射完毕后，针头与注射器均应洗净、晾干，尤其是针头，需冲洗几次，以免堵塞。下次再用前要煮沸消毒，以防细菌感染。

图 2-3　催产激素注射部位示意图
A. 背部肌内注射　B. 胸鳍基部注射

6. 注射时间和效应时间　生产上，为了控制亲鱼在早上产卵，以利工作，应根据天气、水温和效应时间，确定注射时间。一般一次性注射多在下午进行，翌日清晨产卵。两次注射时，则根据第 2 次注射的时间，一般第 1 针在 9：00 左右进行，第 2 针在当天 18：00～20：00进行。日温差较大的地区可向后移 1～3h，以便产卵时水温较高。亲鱼注射完催产剂后（2次或3次，注射从最后一次注射完成算起），到开始发情所需的时间称效应时间。效应时间根据不同情况，从几个小时到 20 几个小时不等。效应时间的长短，不仅与催产剂的种类、水温、注射次数等因素有关，而且与亲鱼的性腺发育程度有关。水温高效应时间就短，反之则较长（表2-5）。一般两次注射比一次注射效应时间短。注射脑垂体（PG）效应时间比绒毛膜激素短，绒毛膜激素又比类似物短。通常鳙效应时间最长，草鱼效应时间最短，鲢和青鱼效应时间相近。性腺成熟度好比成熟度差的效应时间要短一些。

表 2-5　水温与效应时间的关系表

水温（℃）	第1针注射到第2针注射相隔时间（h）	第2针注射到开始发情的间隔时间（h）	第2针注射到产卵和适宜人工授精的时间（h）
20～21	10	10～11	11～12
22～23	8	9～10	10～11
24～25	8	7～8	8～10
26～27	6	6～7	7～8
28～29	6	5～6	6～7

（五）亲鱼发情和产卵

亲鱼注射催产剂后，在激素的作用下，经过一定的效应时间，产生性兴奋现象，雄鱼追逐雌鱼，这就是发情。开始时不激烈，比较缓慢，以后逐渐加快，使水面形成明显的波纹和漩涡，激烈时甚至能跃离水面。发情达到高潮时，雄鱼排精，雌鱼产卵。一般草鱼、鲢较青鱼、鳙明显。亲鱼注射催产剂后，必须有专人值班，密切注意鱼的动态。一般在发情前 2h 开始冲水，发情约 30min 后便可产卵。若产卵顺利，一般可持续 2h 左右。受精卵在水流的冲动下，很快进入集卵箱。当集卵箱中出现大量鱼卵时，应及时捞取鱼卵，经计数后放入孵化工具中孵化，以免鱼卵在集卵箱中沉积，导致窒息死亡。产卵结束，可捕出亲鱼，放干池水，冲放池底余水。亲鱼产卵中常见的几种情况如下：

1. 全产　雌鱼腹部已空瘪，轻压腹部仅有少量卵粒及卵巢液流出。这是最好的结果。

2. 半产　雌鱼腹部稍许缩小，但未空瘪。若此时轻压腹部有较多卵粒流出，说明雌鱼卵已完全成熟，未产原因可能是雌鱼成熟度差或个体太小、或亲鱼受伤较重、或水温太低等原因所致。若轻压鱼腹只有少量卵子流出，这说明鱼卵尚有相当部分未成熟，这可能是雌鱼成熟度较差，或催产剂量不足，遇此情况可将亲鱼放回产卵池，过一会它可能会再产。

3. 难产 一般又可分为下面几种情况：①雌鱼腹部变化小，轻挤鱼腹无卵粒流出。原因可能是催产剂有问题或未将催产剂注入鱼体，遇此情况可再另行催产。也可能是亲鱼成熟度太差，遇此情况可再送回亲鱼池重新培育后催产。还可能是性腺过熟后严重退化，遇此情况应放入产后亲鱼池中与产后亲鱼一起培养。②雌鱼腹部明显膨大，轻挤鱼腹无卵粒，但有混浊液体或血水流出。取卵检查，可见卵无光泽，无弹性，易与容器粘连。这可能是卵巢组织已退化，并由于催产剂的影响而吸水膨胀。这种鱼很易发生死亡，需放入清新水体精心护理。③卵子在腹内过熟并糜烂，这可能是由于雌鱼生殖孔不畅或亲鱼严重受伤，也可能是雄鱼太差或环境条件不适所致。

（六）人工授精

用人工方法使雌鱼产卵和雄鱼排精，再使精卵结合后使之完成受精过程，即为人工授精。进行人工授精需密切注意观察发情鱼的动态，当亲鱼发情至高潮即将产卵之际，迅速捕起亲鱼采卵采精，并立即进行人工授精。授精方法有以下几种：

1. 干法人工授精 将普通脸盆擦干，然后用毛巾将捕起的亲鱼和鱼夹上的水擦干。将鱼卵挤入盆中，并马上挤入雄鱼的精液，用羽毛轻轻搅动 $1\sim2min$，使精卵混匀。再加少量清水拌和，静置 $2\sim3min$，慢慢加入半盆清水，继续搅动，使其充分受精。然后倒去混浊水，再用清水洗 $3\sim4$ 次，待卵膜吸水膨胀后移入孵化器中孵化。

2. 湿法人工授精 脸盆内装少量清水，由两人分别同时将卵和精液挤入盆内，并由另一人同时用羽毛轻轻搅动或摇动，使精卵充分混匀，其他同干法人工授精。

3. 半干法人工授精 将精液先用 $0.3\%\sim0.5\%$ 的生理盐水稀释后，再与挤出的卵混合的授精方法。

上述方法中最常用的是干法人工授精，值得注意的是，亲鱼精子在淡水中存活的时间极短，一般在 $0.5min$ 左右。所以，需尽快完成人工授精全过程。

（七）产卵池管理

产卵池需要专人照看，负责观察亲鱼动态，并维护环境安静。在亲鱼注射催产剂之后，使产卵池或环道保持微流水状态。若水流过快，亲鱼顶水逆游，消耗大量体力，这对于亲鱼会产生不利的影响。根据效应时间，估计到发情之前 $2\sim3h$，则需加大水流，使流速达到每秒 $20cm$ 左右，增加对亲鱼刺激的力度。此时亲鱼由水底部浮于水上层，并出现雄鱼追赶雌鱼的现象，说明亲鱼开始发情。发情后的雌、雄亲鱼不停地沿产卵池或网箱体四周追逐，雄鱼时而出现用头部撞雌鱼的腹部。发情达到最高潮时，雌、雄亲鱼游泳速度加快，尾部摆动频率增加，并行片刻，交尾发出"啪"的响声并翻起浪花，雌雄鱼完成一次产卵交配活动。产卵后雌、雄亲鱼随即下沉休养，不久又重复产卵活动，大个体亲鱼的产卵活动，要多次重复方可结束。产卵时的水流速度，维持在每秒 $20cm$ 左右，不但有利于发情较晚的亲鱼产卵，又可避免已产出的鱼卵沉于水底而缺氧。受精卵收集后，除去杂物进行人工孵化。

（八）产后亲鱼的护理

产后亲鱼体质虚弱，易感染疾病。为使亲鱼尽快恢复体质，给翌年繁殖打下良好的基础，需切实做好产后亲鱼的护理工作。

1. 清塘施肥 清塘消毒，清除野杂鱼，杀灭病原生物。清塘药物以生石灰为好。消毒 $3\sim4d$ 后注入经过滤的新水。每 $667m^2$ 施腐熟粪肥 $200\sim400kg$ 培养饵料生物，新池或以鲢、鳙亲鱼为主的可适当多施，老池或以草鱼、青鱼亲鱼为主的应少施。清塘 7～10d 后，将产后亲鱼放入池塘。

2. 合理放养 产后亲鱼放养密度以每 667m² 总重量 150kg 左右为宜。放养方式以单养较好。亲鱼放养前用 2％～3％ 的食盐水浸洗消毒，受伤亲鱼用金霉素药膏等涂擦伤口。

3. 加强营养 产后亲鱼能量消耗大，必须多投喂蛋白质含量高、营养全面的饲料。鲢、鳙应泼洒豆饼浆，每天投喂量为鱼体重的 1％～2％；草鱼除多喂鲜草外，还要适当喂些精饲料，上午青饲料投喂量为鱼体重的 30％～50％，下午精饲料投喂量为鱼体重的 2％～3％；青鱼以投喂螺、蚌、蚬肉为主，辅以少量精饲料。

4. 保持水质清新 保持水质清新，是加快产后亲鱼体质恢复和性腺发育的重要措施之一。每周注水 1 次，每次冲水 2～3h，注水量 30cm 左右。主养鲢、鳙亲鱼的池塘，注水间隔时间可稍长一些，冲水量适当少些。

5. 坚持巡塘 坚持早中晚巡塘，特别是闷热或雷雨天以及夜晚。水质过肥时，及时加入新水，以防缺氧泛塘。高温季节 3：00～4：00 最易出现鱼浮头，应认真观察。巡塘要检查亲鱼吃食情况，以合理确定翌日投饲量。

6. 防治鱼病 遵循"无病先防、有病早治"的方针。每隔 15～20d，每个食场用漂白粉 0.75kg，溶于 20kg 水中，泼洒于食场内外，同时，清除残留饲料和杂物。对细菌性烂鳃病、赤皮病、肠炎病等，可每立方米水体用漂白粉 1g 全池泼洒；锚头鳋病等，可每立方米水体用 2.5％ 敌百虫粉 2～4g 全池泼洒。

（九）鱼卵质量鉴别与计数

1. 鱼卵质量鉴别 质量好的鱼卵受精率高。鱼卵质量通常从外部形态上加以比较（表 2-6）。

表 2-6　家鱼卵质量鉴别表

（引自张杨宗，《中国池塘养鱼学》，1989）

鉴别项目	成熟卵子	未熟或过熟卵子
颜色	鲜明	暗淡
吸水状况	吸水膨胀速度快	吸水膨胀速度慢，卵子吸水不足
弹性	卵球饱满，富有弹性	卵球扁塌，弹性差
卵在盆中静止时胚胎位置	胚胎（动物极）侧卧	胚胎朝上，植物极向下
胚胎的发育	卵裂整齐，分裂清晰，发育正常	卵裂不规则，发育不正常

2. 鱼卵的计数

（1）体积法。用容器量出鱼卵的总体积，再测出单位体积的鱼卵数，用总体积乘以单位体积的鱼卵数即可。此法注意：防止水不均匀引起的鱼卵密度的变化，若卵已开始吸水，则应待充分吸水膨胀后再测定。

（2）重量法。用雌鱼产卵前后的重量之差作为雌鱼的产卵量，再乘以单位重量的卵粒数。一般按草鱼、鲢未吸水卵 700～750 粒/g，鳙未吸水卵 600～650 粒/g 计算。

三、鱼卵孵化

（一）孵化设备

孵化设施的种类很多，生产上常用的有孵化桶（缸）、孵化环道及孵化槽等。孵化工具的基本原理是造成均匀的流水条件，使鱼卵悬浮于流水中，在溶解氧充足、水质良好的水流中翻动孵化，因而孵化率均较高（80％左右）。一般要求池壁光滑，没有死角，不会积卵和鱼苗。每立方米水体可容卵 100 万～200 万粒。

1. 孵化桶 孵化桶（图 2-4）有翻流式和环流式两种。翻流式孵化桶由底小、身长的长缸改制而成，内部用水泥、沙石涂成漏斗状，底部采用直径 2～2.5cm、长 25cm 的水管，一头接上自来水弯头，另一头用皮管与进水管道相连。环流式孵化桶选用缸肚大、底部小、内壁光滑的大型釉缸制成。底部装有 3～4 个顺时针方向或逆时针方向的喷嘴，中央采用铁管或打通的竹管作排水管，上装半球形管罩。

图 2-4　孵化桶
（引自戈贤平，《池塘养鱼》，2009）

2. 孵化环道 砖石、水泥结构的孵化环道（图 2-5），适宜大规模生产单位使用，有单层和双层两种。单层直径 3～4m，双层直径 6～10m，池身宽 1m，深 0.9m 左右。底部各装有 5～6 个顺时针方向或逆时针方向的喷嘴，下接地下进水管道，水从喷嘴喷出后在环道池内旋转，从内壁的滤水纱窗滤出，经中央排水管排到池外的收苗池。收苗池内安装纱网。

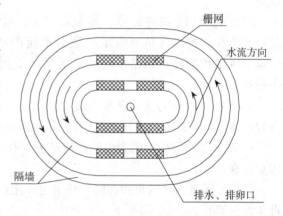

图 2-5　椭圆形孵化环道结构图
（引自戈贤平，《池塘养鱼》，2009）

（二）影响鱼卵孵化的环境因子

受精卵在一定环境条件下，经过胚胎发育最后孵出鱼苗的全过程叫孵化。人工孵化就是要创造合适的孵化条件，使胚胎正常发育成鱼苗，是家鱼繁殖的最后一道工序。创造一个良好环境，提高孵化率，是人工繁殖获得成功的重要环节。

1. 水流 因家鱼卵均为漂浮性卵，在静水条件下会堆积在一起，逐渐下沉，落底堆积，导致溶解氧不足，胚胎发育迟缓，甚至窒息死亡。而在水流的作用下受精卵漂浮在水中，此外流水可提供充足的溶解氧，及时带走胚胎排出的废物，保持水质清新，达到孵化的目的。水流的流速一般为 0.3～0.6m/s，以鱼卵能均匀随水流分布漂浮为原则。

2. 溶解氧 鱼胚胎在发育过程中，因新陈代谢旺盛需要大量的氧气。要求孵化期内溶解氧不能低于 4mg/L，最好保持在 5～8mg/L。实践证明，当水体中溶解氧低于 2mg/L 时，就可能导致胚胎发育受阻，甚至出现死亡。

3. 水温 家鱼胚胎正常孵化需要的水温为 18～30℃，最适温度为 24～26℃，水温低于 18℃或超过 30℃，都会使胚胎发育产生大量畸形而引发死亡。温度越低，胚胎发育越慢；温度越高，胚胎发育越快。温差过大，尤其是水温的突然变化（±3～5）℃时，就会影响正常胚胎发育，造成发育停滞，或产生畸形及死亡。

4. 水质　孵化用水不能被污染，受工业污染和农药污染的水不能用作孵化用水。水的 pH 一般要求 7～7.5，偏酸性水会使卵膜软化，失去弹性，易于损坏；而偏碱性水，卵膜也会提早溶解。

5. 敌害生物　水体中会对鱼胚胎孵化造成危害的敌害生物有桡足类、枝角类、小鱼、小虾及蝌蚪等。前两类不但会消耗大量氧气，同时还能用其附肢刺破卵膜或直接咬伤仔鱼及胚胎，造成大批死亡；后三类可直接吞食鱼卵，因此必须彻底清除。常用的办法是，将孵化用水经 60～70 目筛绢过滤。

（三）孵化管理

在鱼卵孵化过程中，要有专人值班，全过程严格管理，确保鱼卵孵化顺利进行。需要做的工作如下：

1. 检查孵化设施　催产前必须对孵化设施进行一次彻底的检查、试用，若有不符合要求的应及时修复。特别是进出水系统，水流情况，进水水源情况，排水滤水窗纱有无损坏，进水过滤网布是否完好，所用工具是否备齐等。然后，将有关工具及设施清洗干净或消毒后备用。

2. 孵化容器的流速调节　要采取"快、慢、快"的水流调控方法，即鱼卵进孵化器时，水流快一些，待鱼卵吸水膨胀后水流慢一些等方法。使流速大致控制在不使卵粒、仔鱼下沉堆积为度。鱼苗平游后应适量减低流速。随时清洗排出水过滤窗纱，以保证排水畅通。

3. 掌握好合理的放卵密度　通常孵化缸，每升水体可放鱼卵 2 000 粒左右；孵化环道，每升水体放鱼卵 1 000～1 500 粒，可提高容器利用率和出苗率。

4. 防止卵膜早破　因为鱼卵提前破膜，往往会导致胚胎的大量死亡。导致早脱膜的原因常见有：

（1）不同批次产的鱼卵在同一环道内孵化，早批卵正常出膜时生成的孵化酶，引起后一批鱼卵的溶膜。

（2）循环使用孵化用水，致使孵化酶在水体中浓度增大而导致早脱膜。

（3）孵化水溶解氧太低或 pH 较低（低于 6.5），从而使孵化酶活性提高产生早脱膜。

（4）孵化密度太大，使孵化酶浓度提高引起早脱膜。

（5）卵粒质量太差，有时也会出现早脱膜。

生产中应根据具体情况预防或解决。当出现少量脱膜现象时，可从孵化工具底部缓缓加入高锰酸钾溶液，使卵膜变为黄色，可抑制早脱膜。

5. 控制剑水蚤　孵化用水经 60～70 目筛绢过滤。若孵化水体中剑水蚤量较大时，可用 0.3mg/L 的晶体敌百虫水溶液泼洒。

6. 防治水霉病　水霉菌寄生，是孵化中的常见现象，水质不良、温度低时尤甚。施用亚甲基蓝，使水体浓度为 3mg/L，调小流速，以卵不下沉为度，并维持一段时间，可抑制水霉菌生长。寄生严重时，间隔 6h 重复 1 次。

7. 预防气泡病　气泡病是在鱼卵或仔鱼身上形成若干个气泡，使其漂浮于水面不能下沉。发病的主要原因是水中浮游植物较多，特别是露天修建的孵化环道，若孵化用水中的浮游植物过多，在晴天中午常导致孵化水体中溶解氧过饱和，而使鱼苗患气泡病死亡。这种情况可从改善水质方面予以解决，如立即改用较清洁的瘦水或冲注部分井水，露天孵化池也可以搭棚遮阴，抵制水中浮游植物光合作用。此外，利用深井水作孵化用水，当水源中的氮气过饱和时，也会造成鱼苗的气泡病。这种问题可通过对进入孵化环道的水曝气处理来解决。

(四) 出苗

在 20～25℃水温下，受精卵需要 43～60h 开始出膜。刚出膜的鱼苗游动能力差，拖着大大的卵黄囊，不摄食。这时要加快水流，以免其沉积缺氧。3d 后，鱼苗的卵黄囊基本消失，能平游了，可以摄食了，这时开始转入鱼苗培育。

四、催产率、受精率和出苗率的计算

鱼类人工繁殖的目的是，提高催产率（或产卵率）、受精卵和出苗率。所有的人工繁殖技术措施均是围绕该"三率"展开的，其统计方法为：

在亲鱼产卵后捕出时，统计产卵亲鱼数（以全产为单位，将半产雌鱼折算为全产）。考虑催产率，可了解亲鱼培育水平和催产技术水平。计算公式为：

$$催产率 = 产卵雌鱼数 / 催产雌鱼数 \times 100\%$$

当鱼卵发育到原肠中期，用小盆随机取鱼卵百余粒，放在白瓷盆中，用肉眼检查，统计受精（好卵）卵数和混浊、发白的坏卵（或空心卵），然后按下述公式可计算出受精率：

$$受精率 = 受精卵数（好卵） / 总卵数（好卵＋坏卵）\times 100\%$$

受精率的统计可衡量催产技术水平高低，并可初步估算鱼苗生产量。

当鱼苗鳔充气、能主动开口摄食，即开始由体内营养转为混合营养时，鱼苗就可以转入池塘饲养。在移出孵化器时，统计鱼苗数。按下列公式计算出苗率。

$$出苗率 = 出苗数 / 受精卵数 \times 100\%$$

出苗率（或称下塘率）不仅反映生产单位的孵化工作优劣，而且也体现了整个家鱼人工繁殖的技术水平。家鱼人工繁殖实例见表 2-7：

表 2-7　四川省水产学校实习渔场（重庆市合川区）第二批次草鱼人工繁殖记录

时间	2013 年 5 月 10 日		天气	晴	水温		24℃		
亲本	1 号	2 号	3 号	4 号	5 号	6 号	7 号	8 号	9 号	合计
♀（kg）	8.0	8.3	9.2	9.5	9.5	8.6	9.3	10.1	—	72.5
♂（kg）	7.8	9.0	8.5	8.7	9.3	9.0	8.8	9.1	9.7	79.9

催产	成熟度	良好		催产剂	$LRH\text{-}A_2$	剂量	♀10μg/kg，♂减半		注射次数		1 次
	催产剂配置	①考虑到体重最大雌鱼♀8 号（10.1kg）注射药液量不超过 3mL，拟定雌鱼注射药液量为 0.3mL/kg，则配置注射液浓度为 10/0.3＝33.3μg/mL ②催产剂总需要量为 ∑♀×10＋∑♂×5＝1 124.5μg ③取 100μg 包装 LRH-A₂12 支，50μg 包装 LRH-A₂1 支，实际取出催产剂 1 250μg，多出 125.5μg 为备用 ④稀释液：生理盐水，用量为 1 250/33.3＝37.5mL ⑤将催产剂用生理盐水稀释备用，雌鱼每千克鱼体重注射 0.3mL，雄鱼每千克鱼体重注射 0.15mL									

（续）

催产	时间	2013 年 5 月 10 日			天气	晴	水温		24℃		
	注射	1 号	2 号	3 号	4 号	5 号	6 号	7 号	8 号	9 号	合计
	♀（mL）	2.4	2.49	2.76	2.85	2.85	2.58	2.79	3.03	—	33.76
	♂（mL）	1.17	1.35	1.28	1.31	1.40	1.35	1.32	1.37	1.46	
	注射部位	P 基部		第 1 次注射时间		—		第 2 次注射时间		19：20	
	开始产卵时间	2013 年 5 月 11 日 5：45			效应时间		10：25				

产后分析	亲本	1 号	2 号	3 号	4 号	5 号	6 号	7 号	8 号	9 号	合计
	♀（kg）	7.2	7.4	8.4	8.5	8.6	7.8	8.8	10.0	—	
	产卵情况	全产	全产	全产	全产	全产	全产	半产	难产		
	体重减少（kg）	0.8	0.9	1	1	0.9	0.8	0.5	—		5.9
	产卵数（万粒）	约 413				催产率（%）		81.25			

孵化	开始脱膜时间	2013 年 5 月 13 日 9：21	原肠中期抽样数（粒）	1 053	坏卵数（粒）	112
	粒受精率（%）	89	受精卵数（万粒）	约 367		

出苗	出苗时间	2013 年 5 月 16 日	出苗数（万尾）	330	出苗率（%）	90

项目 二 鲤、鲫、团头鲂的人工繁殖

鲤、鲫、团头鲂都是产黏性卵的淡水鱼类，在流水或静水中都能自然产卵繁殖。但是人工繁殖可以获得更好的产卵、孵化效果。在繁殖过程中，鲤、鲫、团头鲂有许多共同的特点，但也有不同之处。

一、亲鱼培育

通过良好的饲养管理条件，促进亲鱼的性腺发育，培育出成熟率高的优质亲鱼，是亲鱼培育的核心。人工繁殖的效果，主要依赖于亲鱼的来源、亲鱼的质量以及足够数量的性成熟个体。

（一）亲鱼来源和选择

1. 亲鱼的来源 鲤、鲫、团头鲂因选育品种较多，其亲本主要来源于育种单位，或从池塘培育的商品鱼中选择性状较好的个体作为亲本。最好在不同来源的群体中，对雌、雄亲鱼分别进行选留，以防止近亲繁殖带来的劣势影响。

2. 亲鱼的选择 要得到产卵量大、受精率高、出苗率多、质量好的鱼苗，保持养殖鱼类生长快、肉质好、抗病力强、经济性状稳定的特性，必须认真挑选合格的亲鱼。挑选亲鱼时，从以下几个方面选择：

（1）雌雄鉴别。鲤、鲫、团头鲂雌雄鉴别可参照表 2-8 执行。

表 2-8　鲤、鲫、团头鲂雌雄特征比较

鱼类　性别	鲤	鲫	团头鲂
雄鱼特征	体型较瘦长。到了繁殖期，鳃盖有稀散的追星，泄殖孔菱形稍小，两端较尖，中间膨大，平而稍凹。雄鱼游动活泼，追逐灵敏	头背部、尾柄部及鳃盖两侧有追星，手感粗糙。泄殖孔内陷，呈三角形	胸鳍第一鳍条较厚，呈 S 形弯曲。胸鳍前几根鳍条、头背部、鳃盖、尾柄背面及腹鳍，均有密集的追星。用手摸有粗糙感。泄殖孔不红润而内凹，腹部狭窄，轻压下腹部有白色精液流出
雌鱼特征	体型短圆。胸鳍短而端圆，繁殖期胸鳍上也有追星。泄殖孔圆而稍大，呈梨形，柄端向前，近胸鳍，微向外凸；游动较慢，反应也较迟钝；腹部柔软，自腹至肛，硬棱不显，繁殖期腹部膨大滚圆	等大的雌鲫鳞片小，头大。繁殖期无追星，手感光滑。泄殖孔呈圆形，稍凸出	在生殖季节，胸鳍第一鳍条较薄且直。仅眼眶及体背部有少数追星。泄殖孔稍突出，有时红润，腹部膨大而柔软

（2）繁殖年龄和体重。见表 2-9。

表 2-9　鲤、鲫、团头鲂繁殖年龄和体重

性别　年龄和体重　鱼类	雌		雄	
	年龄（年）	体重（kg）	年龄（年）	体重（kg）
鲤	2	1.5	1	1
鲫	2	0.3	2	0.25
团头鲂	3	1.5	3	1.5

（3）雌雄搭配。选留亲鱼的雌雄搭配比例一般应在 1∶1.5，即雄鱼略多于雌鱼。

总之，选择的亲鱼必须健壮无病，无畸形缺陷，鱼体光滑，体色正常，鳞片、鳍条完整无损，因捕捞、运输等原因造成的擦伤面积越小越好。

（二）亲鱼放养

亲鱼的放养可以是单养，也可以是混养（由于鲤、鲫、鲂能自然繁殖，所以雌雄亲鱼在产前 1 个月应分开饲养），多数采用混养模式（表 2-10）。

表 2-10　鲤、鲫、团头鲂放养密度和混养种类（667m²）

亲鱼	放养密度（kg）	混养种类及密度
鲤	100～120	可混养少数鲢和鳙
鲫	100～150	搭养鲢、鳙春片鱼种 400 尾左右
团头鲂	100～150	适当配养 4～6 尾鲢亲鱼

（三）亲鱼培育

1. 团头鲂亲鱼培育　团头鲂亲鱼放养量，以每 667m² 100～150kg 为宜。团头鲂占 80％，同池搭配放养 16％的鲢和 4％的鳙，以充分利用水体饵料资源及调节水质。农历惊蛰之后，气温上升较快，亲鱼摄食渐趋旺盛。此时可投喂配合饲料，其蛋白含量要达到 25％～27％，投饵率 2％～3％。一般上午投喂，傍晚再补充投喂些青饲料。3 月下旬开始投喂配合饲料投饵率1％，同时增加青饲料投喂量。4月中旬停喂配合饲料，全部投喂青饲料（如黑麦草、莴苣叶、青菜等），日投饵率为30％～40％，分上午和下午2次投喂。总的投饲原则是，饲料新鲜，数量适度。繁殖前2周，应定期向池中加注新水，进行产前流水刺激，其方法是每2～3d冲水1次，每次2～3h。进入5月后停止冲水，避免流水刺激引起亲鱼流产。并切忌多拉网，以免惊动亲鱼，影响其产卵率。

2. 鲤亲鱼培育 每667m²放养鲤亲鱼100～120kg（每尾1kg以上的亲鱼100尾左右）。另外，搭养少量鲢、鳙、草鱼、团头鲂等。雌、雄亲鱼最好分池饲养，如果混养，必须在亲鱼产卵前1个月左右，将雌、雄鱼分开饲养。分塘时严格区分雌、雄鱼，以免混在一起出现早产和零星产卵现象。饲养鲤亲鱼，以精饲料为主。常用的饲料有豆饼、菜饼、配合饲料、米糠、菜叶和螺蛳等。鲤是杂食性鱼类，不要长期喂单一的饲料。投饵量为体重的3％～5％，依季节不同适当增减。

3. 鲫亲鱼培育 在主养池中，亲鱼放养密度应比食用鱼养成池稀，通常667m²放300～500尾，再搭养鲢、鳙春片鱼种400尾左右。喂以优质饲料，经一年培育，亲鱼规格达0.3～0.5kg，每尾亲鱼产卵量可达到5万粒左右。一般选择鲢、鳙鱼种培育池，作为鲫亲鱼培育套养池。池塘面积视具体情况而定，最好2 000～3 335m²。套养可节省饲料，降低成本。鲢、鳙鱼种培育池水质较肥，水中富含天然饵料生物，能充分满足亲鱼的生长和性腺发育。这种养殖方式，更适合于产后亲鱼的培育，套养数量一般每667m²放100～150尾，秋后均可达到体重0.25～0.4kg的合格亲鱼。

4. 日常管理 亲鱼培育是一项非常重要的工作，必须安排专人负责。管理人员要经常巡塘，掌握亲鱼培育的情况。根据亲鱼性腺发育的规律，合理地进行饲养管理。亲鱼的日常管理工作，主要有巡塘、投饲、施肥、调节水质以及鱼病防治等。

二、催情产卵

1. 产卵池 产卵池以333～667m²较好，水深1～1.5m。应选择避风、向阳、淤泥少、注排水方便、环境安静的池塘。放鱼前7～10d用生石灰等清塘，注水时严密过滤，水质清新，含氧量高。

2. 鱼巢的制作与布置 鲤、鲫、团头鲂产黏性卵，需要有附着物，以便受精卵黏附在上面发育。通常，将人工设置的供卵附着物称为鱼巢。扎制鱼巢的天然材料，只要质地柔软，纤细须多，在水中易散开不易腐烂的均可应用。生产上常用水草（聚草、金鱼藻等）、杨柳根须、棕榈皮、蕨类植物等，现在又发展了人造纤维制作的鱼巢，更加经久耐用。四川省部分地区近年来利用云南柏的枝条作鱼巢，效果也不错。鱼巢材料经消毒处理后，扎制成束，大小合适，不疏不密，然后将其绑在细竹竿或树条上。常见的设置方式有悬吊式和平列式。一般鱼巢布置在离岸边1m左右的浅水处，将竹竿沉入水下10～15cm，使鱼巢呈漂浮状态。管理时根据着卵情况，注意鱼巢的及时换取。

3. 自然产卵 鲤、鲫、团头鲂在一般江湖、池塘中均能自然产卵。当春季水温升高到18℃左右时，即开始产卵繁殖。雌雄分养的亲鱼需要并池配组，宜在晴暖无风或雨后初晴的天气，选择成熟较好的雌、雄亲鱼，按1∶1比例配对，并入产卵池产卵。一般午夜开始到翌日6∶00～8∶00产卵最盛，到中午停止。

4. 人工催情产卵 当自然产卵因天气影响、产卵不多、拖的时间太长时，通过人工催产和人工授精，可以促使卵子成熟，产卵多，出苗整齐。鲤、鲫、团头鲂对催产激素的剂量要求不很严格，脑垂体、绒毛膜激素和类似物的催产都是有效的。鲤雌亲鱼的注射剂量 PG 为 4～10mg/kg，或 HCG 为 1 500～2 000IU/kg、或 LRH-A 为 35～100μg/kg，也可任取两种激素混合使用，效果更好；雄鱼的剂量为雌鱼的一半，均采用一次注射法。对团头鲂进行催产的有效剂量，PG 为 5～8mg/kg，HCG 为 1 000～1 800IU/kg，LRH-A 为 30～50μg/kg。

注射液的配制和注射方法与四大家鱼相同。注射一般在 16：00～17：00 进行，注射完后将亲鱼放入产卵池，冲水 1～2h，放入鱼巢等，一般当晚或翌日清晨就能产卵。

5. 人工授精　催产后也可进行人工授精，鲤、鲫、团头鲂卵未遇水不呈黏性，一般采用干法授精。先将亲鱼体表擦干，挤卵入盆，随即将精液挤于卵子上面，用羽毛轻轻搅拌，使精卵充分接触，加水使其受精，将受精卵均匀地撒在预先放在浅水中的鱼巢上孵化。

三、孵化

（一）池塘孵化

池塘孵化是孵化的基本方法，也是使用最广的方法。从产卵池取出鱼巢，经清水漂洗掉浮泥，用 3mg/L 亚甲基蓝溶液浸泡 10～15min，移入孵化池孵化。现大多由夏花培育池兼作孵化池，故孵化池面积为 333.5～1 334m²，水深 1m 左右。孵化池的淤泥应少，用生石灰彻底清塘，水经过滤再放入池中，避免敌害残留或侵入。在避风向阳的一边，距池边 1～2m 处，用竹竿等物缚制孵化架，供放置鱼巢用。一般鱼巢放在水面下 10～15cm，要随天气、水温变化而升降。池底要铺芦席，铺设面积由所孵鱼卵的种类和池底淤泥量决定。团头鲂的卵黏性小，易脱落，且孵出的苗不附在鱼巢上，会掉入泥中，所以铺设的面积至少要比孵化架大；鲤、鲫的卵黏性大，孵出的苗常附于巢上，所铺面积比孵化架略大或相当即可。如池底淤泥多，或水源夹带的泥沙多，浮泥会因水的流动、人员操作而沉积在鱼巢表面，妨碍胚胎和幼苗的呼吸，故铺设面积应更大。一般每 667m² 水面放卵 20 万～30 万粒。卵应一次放足，以免出苗时间参差不齐。孵化过程中遇恶劣天气，架上可覆盖草帘等物遮风避雨，尽量保持水环境的相对稳定。鱼苗孵出 2～3d 后，游动能力增强，可取出鱼巢。取巢时，要轻轻抖动，防止带走鱼苗。

（二）淋水孵化

采取间断淋水的方法，保持鱼巢湿润，使胚胎得以正常发育。当胚胎发育至出现眼点时，移鱼巢入池出苗。孵化的前段时间，可在室内进行，由此减少了环境变化的影响，保持了水温、气温的恒定，并用 3mg/L 的亚甲基蓝药液淋卵，能够更为有效地抑制水霉的生长，从而能够提高孵化率。

（三）流水孵化

流水孵化是把鱼巢悬吊在流水孵化设备中孵化，或在消除卵的黏性后移入孵化设备孵化。黏性卵孵化比漂流性鱼卵孵化更易感染水霉病。流水孵化可降低鱼卵感染水霉菌的概率。

黏性鱼卵也可使用脱黏剂处理，待黏性消失后，可移入流水孵化设备中孵化。具体方法与流水孵化漂浮性卵相同，只是脱了黏性的卵，其卵的本质并未改变，密度大，耐水流冲击力大，可用较大流速的水孵化。但出苗后适应流水的能力反而减弱，因此，在即将出膜时，就应将水流流速调小，以提高孵化设备的利用率。

常用的脱黏剂两种，一种是黄泥浆，黄泥浆的制备方法：先用黄泥土合成稀泥浆水，一

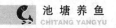

般 5kg 水加 0.5～1kg 黄泥，经 40 日网布过滤。将受精卵缓慢倒入泥浆水中，不停地翻动泥浆水 2～3min，将脱黏后的卵移入网箱中洗去泥浆，即可放入孵化器中流水孵化。另一种是滑石粉，滑石粉的制备方法：将 1g 滑石粉即硅酸镁，再加 20～25g 食盐溶于 10L 水中，搅拌成混合悬浮液，即可用来脱黏鲤卵 1～1.5kg。操作时一面向悬浮液中慢慢倒卵，一面用羽毛轻轻搅动，经 0.5h 后，受精卵呈分散颗粒状，漂洗后放入孵化器中进行流水孵化。

🐟 生产案例

　　成都和谐渔业有限公司的长吻𫚕受精卵孵化方法值得借鉴。作为黏性卵，长吻𫚕传统的孵化方法与鲤、鲫一样，采用棕片或聚乙烯线团等材料做鱼巢。因长吻𫚕卵黏性很强，受精后极短时间表现出强黏性，往往在受精卵于水中下降的过程中已经黏作一团，加上长吻𫚕受精率一般不会太高，在孵化过程中会有大量的死卵出现。因黏性强，死卵又包裹在卵团中无法剥离，死卵很容易滋生水霉菌，进而影响正常的受精卵，造成孵化率进一步降低。根据长吻𫚕卵的特性，成都和谐渔业有限公司采用纱布或 60～80 目的聚乙烯网片做成粘卵板，采用湿法人工授精。粘卵板平铺于盛水的盆中，卵均匀铺在粘卵板上。将粘卵板置流水环道中孵化。在孵化过程中，死卵黏性比较弱，震动粘卵板就可以将死卵去除，正常的受精卵不会受到水霉菌的侵袭，孵化率大大提高。

🐟 实　训

实训项目　主要养殖鱼类人工繁殖

　　1. **实训时间**　1 周，可以同苗种培育实训进行有机结合，两个内容交替进行，以延长实训有效时间。安排在每年的 4～6 月进行。

　　2. **实训地点**　苗种繁育场。

　　3. **实训目的**　掌握四大家鱼和鲤、鲫成熟亲鱼的选择和配组；掌握催产剂的配制和注射方法；掌握人工授精技术；鱼卵、鱼苗质量鉴别和计数方法；掌握孵化管理技术；掌握黏性鱼卵脱黏技术。

　　4. **实训内容与要求**

　　（1）亲鱼的选择和雌雄鉴别。

　　（2）亲鱼成熟度的鉴别。

　　（3）催产药物的配制和注射。

　　（4）催产注射。

　　（5）鱼巢制作与布置。

　　（6）人工授精。

　　（7）鱼卵脱黏。

　　（8）孵化管理。

（9）受精率的统计。

（10）孵化率和出苗率统计。

5. 实驯总结　主要养殖鱼类人工繁殖实训总结 1 份。

综合测试

1. 单项选择

（1）苗种繁殖工说话切忌使用（　　）禁语，如："嘿""老头儿""一边去"等。

  A. 平常   B. 自谦   C. 尊称   D. 违忌

（2）苗种繁殖工要学习先进人物强烈的社会责任感、先进的思想境界和以（　　）为重的无私精神。

  A. 国家利益   B. 集团利益   C. 他人利益   D. 自己利益

（3）通过（　　）可以鉴定鲤科亲鱼的年龄。

  A. 皮肤   B. 鳍条   C. 鳞片   D. 鳃耙

（4）捕捞亲鱼操作中最重要的一点是（　　）。

  A. 有较高的起捕率   B. 拉网迅速

  C. 防止亲鱼受伤   D. 拉网速度要慢

（5）产后亲鱼性腺处于（　　）期。

  A. Ⅰ   B. Ⅵ   C. Ⅴ   D. Ⅳ

（6）家鱼亲鱼培育最重要的阶段是（　　）。

  A. 春季培育期   B. 产后护理和高温培育期

  C. 秋季培育期   D. 越冬期

（7）亲鱼池注水的主要目的是（　　）。

  A. 防病   B. 防渗漏   C. 防蒸发   D. 增氧

（8）家鱼孵化环道较其他孵化设备的特点是（　　）。

  A. 容卵量大   B. 结构复杂   C. 水流量大   D. 无死角

（9）鱼类下丘脑释放 GnRH 触发垂体产生大量（　　）。

  A. GTH   B. DOM   C. HCG   D. LRH-A

（10）亲鱼催熟一般是针对（　　）的亲鱼。

  A. 成熟不好   B. 成熟好   C. 体质差   D. 全部亲鱼

（11）亲鱼催产注射一般采取（　　）。

  A. 臀鳍基部腹腔注射或胸部肌内注射

  B. 背鳍基部胸腔注射或腹部肌内注射

  C. 胸鳍基部胸鳍注射或背部肌内注射

  D. 腹鳍基部腹腔注射或臀部肌内注射

（12）一般两次催产注射比一次催产注射的效应时间（　　）。

  A. 长   B. 短   C. 相同   D. 无特定规律

（13）催产 5 组亲鱼，1 组未产，产卵率为（　　）。

        A. 10％   B. 20％   C. 80％   D. 100％

（14）早繁亲鱼水温的调控应是（　　）。

        A. 逐渐升温   B. 不断变温   C. 逐渐降温   D. 稳定在适宜水温上

（15）鱼类离体精子在水中（　　）后，即丧失受精能力。

        A. 20～30s   B. 50～60s   C. 20～30min   D. 50～60min

（16）雌亲鱼达到可以产卵的程度称为（　　）。

        A. 生理成熟   B. 未成熟   C. 生理过熟   D. 生长成熟

（17）人工授精较自然产卵的优点是（　　）。

        A. 便于进行杂交工作   B. 省时

        C. 省力   D. 亲鱼不易受伤

（18）人工授精的技术关键是（　　）。

        A. 准确掌握采卵授精时间   B. 保证精子和卵子质量

        C. 鱼卵的成熟度   D. 避免精、卵阳光直射

（19）（　　）可能是异育银鲫品种退化的原因。

        A. 忽视亲鱼的培育   B. 远亲繁殖

        C. 采用兴国红鲤作父本   D. 选用壮年亲鱼繁育后代

（20）两个不同（　　）的鱼进行交配产卵繁殖后代称为杂交。

        A. 品种   B. 品系   C. 种   D. 品种、品系、种

（21）利用第一代杂交优势而不能遗传的杂交称为（　　）。

        A. 经济杂交   B. 远缘杂交   C. 人工杂交   D. 自然杂交

（22）在四大家鱼鱼卵的孵化中水流流速应（　　）。

        A. 稳定不变   B. 逐渐加大   C. 逐渐减小   D. 不同发育期变化

（23）优质鱼类受精卵（　　）。

        A. 色泽鲜明   B. 色泽暗淡   C. 无光泽   D. 无色

（24）家鱼受精卵的孵化，破膜期水流要（　　）。

        A. 停止   B. 适当减小   C. 适当增大   D. 改为间歇式

（25）关于家鱼出苗的时间，以下说法正确的是（　　）。

        A. 鱼苗破膜后即可出苗

        B. 团头鲂苗要坚持老苗下塘

        C. 当鱼苗的鳔充气前应马上出池

        D. 当鱼苗的鳔已充气、能顶水平游和主动摄食后即可出池

（26）苗种繁殖工要学习先进人物强烈的社会责任感、先进的（　　）和以国家利益为重的无私精神。

        A. 物质文明   B. 精神文明   C. 行为习惯   D. 思想境界

（27）苗种繁殖工在（　　）中，要遵纪守法，爱岗敬业，诚实守信，严格执行操作规程。

        A. 职业活动   B. 文化活动   C. 体育活动   D. 集体活动

（28）国家级或省级原、良种场负责保存或选育种用遗传材料和亲本，向水产苗种繁育单位提供（　　）。

A. 鱼苗　　　　　　　B. 鱼种　　　　　　　C. 成鱼　　　　　　　D. 亲本

(29) 亲鱼种质的选择重要的是（　　　）。

A. 符合品种的特征　　B. 体重　　　　　　　C. 肥满度　　　　　　D. 健康状况

(30) 下列影响繁殖力的是（　　　）。

A. 性成熟年龄　　　　B. 怀卵量　　　　　　C. 产卵量　　　　　　D. 以上都符合

(31) 我国北部地区各水域中的鲤、鲫，性成熟年龄较长江流域（　　　）。

A. 要晚　　　　　　　B. 要早　　　　　　　C. 相同　　　　　　　D. 早、晚都有

(32) 一般（　　　）草鱼、青鱼亲鱼胸鳍、鳃盖上有追星。

A. 雄性　　　　　　　B. 雌性　　　　　　　C. 幼鱼　　　　　　　D. 成鱼

(33) 生产中，鳙亲鱼的雌雄比例搭配一般采用（　　　）。

A.1∶1　　　　　　　B.1∶2　　　　　　　C.1∶3　　　　　　　D.1∶1.5

(34) 亲鱼放养时间最好为（　　　）。

A. 越冬前　　　　　　B. 越冬后　　　　　　C. 开食前　　　　　　D. 开食后

(35) 营养对鱼类的性腺发育（　　　）。

A. 无关　　　　　　　B. 无影响　　　　　　C. 直接影响　　　　　D. 间接影响

(36) 家鱼亲鱼培育最重要的阶段是（　　　）。

A. 春季和秋季培育期　　　　　　　　　B. 产后护理和高温培育期

C. 秋季培育期　　　　　　　　　　　　D. 越冬期

(37) 鲤亲鱼一般要求粗蛋白质含量在（　　　）。

A.20%～25%　　　　　　　　　　　　B.17%～38%

C.37%～45%　　　　　　　　　　　　D. 大于45%

(38) 家鱼产卵池的直径一般为（　　　）m。

A.1～4　　　　　　　B.4～7　　　　　　　C.7～10　　　　　　　D.10～20

(39) 鱼类催熟的目的是（　　　）。

A. 促亲鱼产卵　　　　B. 促亲鱼成熟　　　　C. 促亲鱼生长　　　　D. 促亲鱼代谢

(40) 鲤催产最低水温一般在（　　　）℃。

A.22　　　　　　　　B.18　　　　　　　　C.20　　　　　　　　D.16

(41) 雌亲鱼挖卵检查时，卵成熟好者卵核应（　　　）。

A. 偏于植物极　　　　B. 偏于动物极　　　　C. 居中　　　　　　　D. 看不见卵核

(42) 来源于鱼体的催产剂是（　　　）。

A. 绒毛膜促性腺激素　　　　　　　　　B. 脑垂体

C. 促黄体素释放激素类似物　　　　　　D. 地欧酮

(43) 家鱼产卵量的计数一般采用（　　　）。

A. 称重法　　　　　　B. 容量法　　　　　　C. 杯量法　　　　　　D. 数个法

(44) 产卵是指（　　　）的过程。

A. 成熟卵母细胞从滤泡中解脱出来成为游离的卵子

B. 成熟卵子从卵巢腔内排出体外

C. 成熟卵子排入卵巢腔

D. 成熟卵子排入腹腔

(45) 鲤在池塘中自然孵化时，每尾雌鱼以投放（　　）束鱼巢为宜。

    A. 4～5　　　　　　　　B. 1～2　　　　　　　　C. 2～3　　　　　　　　D. 6～8

(46) 用泥浆脱黏一般需搅动（　　）min。

    A. 1～2　　　　　　　　B. 10～20　　　　　　　C. 30　　　　　　　　D. 60

(47) 防止品种退化的措施有（　　）。

    A. 设置专用亲鱼池

    B. 坚持亲鱼的常年培育和秋季强化培育相结合

    C. 选用壮年鱼繁育后代

    D. 以上三项均有

(48) 杂交意义是（　　）。

    A. 改变后代性状　　　　　　　　　　B. 遗传双亲性状

    C. 改变双亲性状　　　　　　　　　　D. 利用杂交优势

(49) 若鱼类精液的颜色为较浓的乳白色、遇水后呈云雾状立即散开，说明（　　）。

    A. 精子质量不好　　　　　　　　　　B. 精子质量很好

    C. 质量一般　　　　　　　　　　　　D. 质量优劣无法据此判断

(50) 受精率是指（　　）。

    A. （未受精卵数/产卵总数）×100％

    B. （产卵总数/未受精卵数）×100％

    C. （受精卵数/产卵总数）×100％

    D. （产卵总数/受精卵数）×100％

2. 判断题

(1) 亲鱼池冲水的目的是促进性腺的发育。（　　）

(2) 家鱼产卵、孵化前对产卵池、孵化池的消毒可采用高锰酸钾。（　　）

(3) 亲鱼产后体质可自行恢复，不用特殊护理，也不会感染疾病。（　　）

(4) 性腺发育阶段和性别，是影响亲鱼性腺成熟系数重要的因素。（　　）

(5) 孵化桶的溢水口在桶的底部。（　　）

(6) 孵化槽底一般装有鸭嘴喷头进水。（　　）

(7) 亲鱼催产体腔注射部位是胸鳍基部凹窝处。（　　）

(8) 家鱼卵孵化过程中，卵膜大量漂浮在孵化器中，可能会造成筛绢网滤水阻碍。（　　）

(9) 当家鱼鱼苗的鳔已充气、能顶水平游和主动摄食后即可出池。（　　）

(10) 孵化用水需经过滤处理，是为防止敌害生物和其他污物进入孵化用水。（　　）

3. 问答题

(1) 试述家鱼人工催产原理。

(2) 如何计算受精率、出苗率？

(3) 简述成熟雌、雄亲鱼的特征。

(4) 简述选择亲鱼的标准。

(5) 试述影响亲鱼性腺发育的环境因素。

03 模块三 苗种培育

苗种培育，就是从孵化后 3～4d 的鱼苗，养成供池塘、湖泊、水库、河沟等水体培育食用鱼的鱼种。一般分两个阶段：鱼苗经 18～30d 培养，养成 3cm 左右的稚鱼，此时正值夏季，故通称夏花，此阶段的培育称鱼苗培育；夏花再经 3～5 个月的饲养，养成 8～20cm 长的鱼种，称 1 龄鱼种培育；对青鱼、草鱼的 1 龄鱼种应再养 1 年，养成 2 龄鱼种。苗种培育的中心是提高成活率、生长率和降低成本，为食用鱼养殖提供健康合格的鱼种。

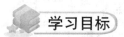
学习目标

> 了解大宗淡水鱼类苗种的生物学特性，掌握大宗淡水鱼类苗种培育通用技术和方法。

基础知识

一、鱼苗、鱼种的名称

鱼苗、夏花、鱼种是鱼类早期的几个发育阶段，在养殖生产上一般根据体长、体重和生长时间而分成许多规格，我国各地鱼苗、鱼种名称也很不一致。

1. 以江苏、浙江为代表的名称　鱼苗又称鱼花、水花、海花、鱼秧和花仔等。因产地不同而名称也各异，但一般都是指从脱膜到卵黄囊消失、鳔充气、体表显色素、体长在 10mm 以下的仔鱼。根据生长情况，又有"嫩口鱼苗"和"老口鱼苗"之称。从鱼卵中刚孵出的嫩苗，体色透明，色素极少，尾鳍和背鳍还没分化，在水中只能看到 2 个眼点，体长为 7～8mm，还有明显的卵黄囊，称嫩口鱼苗。体色变黑，色素发达，尾鳍和背鳍开始分化，卵黄囊消失，身体较大，在水中明显看到鱼体，一般体长在 9～10mm，称老口鱼苗。天然捕捞的鱼苗，又有"蜢仔""毛仔"和"净仔"之称。经过 7～10d 的饲养，体长达 15～20mm 的鱼苗称为"乌仔"，有些地方称黄瓜子。

鱼苗经过 20d 以上的饲养，鱼体出现鳞片，鳍条分支，侧线明显，体长达到 25～50mm，称为"夏花"鱼种，有的称"火片"或"寸片"。分塘后继续饲养到秋季或冬季，称为"秋片"（秋花）或"冬片"（冬花）。经过越冬到翌年的春天，就称"春片"（春花）或 1 龄鱼种，长江下游地区又称"数头""仔口""新口"，体重达 50g 以上的称为"斤两"鱼种。春片鱼种再经 1 年的饲养称为 2 龄鱼种，又称"老口""过池"。

2. 以广东、广西为代表的名称　鱼苗一般称为海花，鱼体从 0.83～1cm 起长到 9.6cm，分别称为 3 朝、4 朝、5 朝、6 朝、7 朝、8 朝、9 朝、10 朝、11 朝、12 朝；10cm 以上则一

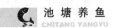
律以寸表示。

两广鱼苗、鱼种规格与使用鱼筛见图3-1、图3-2，对照表见表3-1。

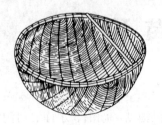

图 3-1　盆形鱼筛　　　　　　　　图 3-2　方形鱼筛（江苏地区）

（引自戈贤平，《池塘养鱼》，2009）

表 3-1　鱼苗、鱼种规格与使用鱼筛对照

（引自戈贤平，《池塘养鱼》，2009）

鱼体标准长度（cm）	鱼筛号	筛目密度（mm）	备注
0.8～1.0	3 朝	1.4	不足 1.3cm 鱼用 3 朝
1.3	4 朝	1.8	不足 1.7cm 鱼用 4 朝
1.7	5 朝	2.0	不足 2.0cm 鱼用 5 朝
2.0	6 朝	2.5	不足 2.3cm 鱼用 6 朝
2.3	7 朝	3.2	不足 2.6cm 鱼用 7 朝
2.6～3.0	8 朝	4.2	不足 3.3cm 鱼用 8 朝
3.3～4.3	9 朝	5.8	不足 4.6cm 鱼用 9 朝
4.6～5.6	10 朝	7.0	不足 5.9cm 鱼用 10 朝
5.9～7.6	11 朝	11.1	不足 7.9cm 鱼用 11 朝
7.9～9.6	12 朝	12.7	不足 10.0cm 鱼用 12 朝
10.0～11.2	3 寸筛	15.0	不足 12.5cm 鱼用 3 寸筛
12.5～15.5	4 寸筛	18.0	不足 15.8cm 鱼用 4 寸筛
15.8～18.8	5 寸筛	21.5	不足 19.1cm 鱼用 5 寸筛

　3. 以四川、重庆为代表的名称　鱼苗一般称为水花，鱼体 1～6.6cm 分别被称为 3～5分、6～8分、9～11分、12～14分、15～17分、18～20分，1分为 0.1寸。6.6cm 以上则一律以寸表示。

　二、鱼苗、鱼种的生物学特性

　鱼苗、鱼种是鱼类个体发育过程中，快速生长发育的阶段。在该阶段，其形态结构、生理学特征都发生一系列规律性的变化。食性、生长和生活习性都与成鱼饲养阶段有所不同。鱼苗、鱼种的新陈代谢水平高、生长快，但活动和摄食能力较弱，适应环境、抗御敌害和疾病的能力差。因此，饲养技术要求高。为了加速苗种生长，提高鱼苗、鱼种饲养阶段的成活率和产量，就必须了解苗种的生物学特性，制订科学饲养管理措施，以提高鱼苗、鱼种的生产效率。

　1. 食性　刚孵出的鱼苗均以卵黄囊中的卵黄为营养，称内源性营养阶段。当鱼苗体内鳔充气后，鱼苗一面吸收卵黄，一面开始摄取外界食物，称混合性营养阶段；当卵黄囊消失，鱼苗就完全依靠摄取外界食物为营养，此时称外源性营养阶段。但此时鱼苗个体细小，全长仅 6～9mm，活动能力弱，其口径小，取食器官（如鳃耙、吻部等）尚待发育完全。因此，所有种类的鱼苗只能依靠吞食方式来获取食物，而且其食谱范围也十分狭窄，只能吞食一些小型浮游生物，其主要食物是轮虫和桡足类的无节幼体。生产上通常将此时摄食的饵料称为"开口饵料"。

随着鱼苗的生长，其个体增大，口径增宽，游泳能力逐步增强，取食器官逐步发育完善，食性逐步转化，食谱范围也逐步扩大（表3-2）。表3-2中各种大宗淡水鱼类鱼种的摄食方式和食物组成有以下规律性变化：

表3-2 鲢、鳙、草鱼、青鱼、鲤发育至夏花阶段的食性转化

（引自王武，《鱼类增养殖学》，2000）

鱼苗全长（mm）	鲢	鳙	草鱼	青鱼	鲤
6					轮虫
7～9	轮虫、无节幼体	轮虫、无节幼体	轮虫、无节幼体	轮虫、无节幼体	轮虫、小型枝角类
10～10.7			小型枝角类	小型枝角类	小型枝角类、轮虫
11～11.5	轮虫、小型枝角类、桡足类	轮虫、小型枝角类			枝角类、少数摇蚊幼虫
12.3～12.5	轮虫、枝角类、腐屑、少数浮游植物	轮虫、枝角类、桡足类、少数大型浮游植物	枝角类	枝角类	
14～15					枝角类、摇蚊幼虫等底栖动物
15～17	浮游植物、轮虫、枝角类、腐屑	轮虫、枝角类、腐屑、大型浮游植物	大型枝角类、底栖动物	大型枝角类、底栖动物	枝角类、摇蚊幼虫等底栖动物
18～23			大型枝角类、底栖动物，并杂有植物碎片	大型枝角类、底栖动物，并杂有植物碎片	枝角类、底栖动物
24	浮游植物显著增加	浮游植物数量增加，但不及鲢	大型枝角类、底栖动物，并杂有植物碎片、芜萍	大型枝角类、底栖动物，并杂有植物碎片、芜萍	枝角类、底栖动物
25	浮游植物占绝大部分，浮游动物比例大大减少	浮游植物数量增加，但不及鲢	大型枝角类、底栖动物，并杂有植物碎片、芜萍	大型枝角类、底栖动物，并杂有植物碎片、芜萍	底栖动物、植物碎片

（1）全长7～11mm的鲢、鳙、草鱼、鲤等鱼苗。它们的鳃耙数量少，长度短，尚起不到过滤的作用。这时期几种鱼苗的摄食方式都是吞食，其口径大小相似，因此适口食物的种类和大小也相似，均以轮虫和无节幼体、小型枝角类为食。

（2）全长12～15mm的鲢、鳙、草鱼、鲤等鱼苗。它们的口径虽然相似，但由于鳃耙的数量、长度和间距出现了明显的差别，因此，摄食方式和食物组成开始分化。鲢、鳙的鳃耙数量多，较长而密，摄食方式开始由吞食向滤食转化；草鱼、青鱼、鲤则仍然是吞食方式。鲢和鳙的适口食物为轮虫、枝角类和桡足类，也有较少量的无节幼体和较大型的浮游植物；草鱼等则主要摄食枝角类、桡足类和轮虫，并开始吞食小型底栖动物。

（3）全长16～20mm的鲢、鳙、草鱼等乌仔。由于摄食器官形态差异已经很大，因此食性分化更为明显。草鱼的口径增大，可吞食大型枝角类、底栖动物以及幼嫩的水生植物碎片（青鱼、鲤的食性和草鱼相似）。鲢、鳙的口径虽也增大，但由于滤食器官逐渐发育完善，其滤食能力随之增强，摄食方式即由吞食转为滤食。由于鲢的鳃耙比鳙的更长更密，因此，适合食物的大小比鳙小。这时期的食物除轮虫、枝角类和桡足类外，已有较多的浮游植物和有机碎屑。

（4）全长 21～30mm 的鲢、鳙、草鱼、青鱼、鲤等夏花。摄食器官发育得更加完善，彼此间的差异更大。在此期末，这 5 种鱼类的食性已完全转变或接近于成鱼的食性。

（5）全长 31～100mm 的鲢、鳙、草鱼等鱼种。摄食器官和滤食器官的形态和机能基本与成鱼相同。鲢和鳙的滤食器官逐渐发育完善，全长 5cm 左右时与成鱼相同。草鱼和团头鲂在 7cm 左右时，可以摄食紫背浮萍和嫩草。3cm 以上的鲤，能挖掘底泥摄食底栖动物。青鱼能吃轧碎的螺蚬。

总的说来，大宗淡水鱼类鱼苗开始吃食时食性相同，都以轮虫、无节幼体、小型枝角类为食。随着鱼体增大，摄食方式和食物组成发生规律性变化。鲢和鳙由吞食转为滤食，鲢由开始吃浮游生物转为以吃浮游植物为主；鳙由吃小型浮游生物转为吃各类型的浮游生物；草鱼、青鱼和鲤始终都是主动吞食，草鱼由吃浮游生物转为吃草类，青鱼由吃浮游生物转为吃底栖动物的螺蚬类，鲤、鲫由吃浮游生物转为杂食性。

2. 生长　在鱼苗与鱼种阶段，鲢、鳙、草鱼、青鱼的生长速度是很快的。鱼苗到夏花阶段，它们的相对生长率最大，是生命周期的最高峰。据测定，鱼苗下塘饲养 10d 内，体重增长的加倍次数，鲢为 6、鳙为 5，即平均每 2d 体重增加 1 倍多。此时期鱼的个体小，绝对增重量也小，平均每天增重为 10～20mg。体长的增长，平均每天增长鲢为 0.71mm，鳙为 1.2mm。

在鱼种饲养阶段，鱼体的相对生长率较上一阶段有明显下降。在 100d 的培育时间内，体重增长的加倍次数为 9～10，即每 10d 体重增加 1 倍。与上一阶段比较相差达 5～6 倍。但绝对体重增加较大，平均每天增重鲢为 4.19g，鳙为 6.3g，草鱼为 6.2g，与鱼苗阶段比较相差达 200～600 倍。在体长方面，平均每天增长数鲢为 2.7mm，鳙为 3.2mm，草鱼为 2.9mm，鲢体长增长为上阶段的 2 倍多，鳙为 4 倍多。

在苗种培育期间，影响苗种生长速度的因素主要是放养密度、食物的数量、水温和水质条件。

3. 鱼苗、鱼种在池塘中的分布　刚下塘的鱼苗通常在池边和表层分散游动，下塘 5～7d 后便逐渐离开池边，分别在不同的水层活动。

青鱼鱼苗常栖息于水的下层边缘，鱼种阶段生活在水的中、下层；草鱼鱼苗常栖息于水中层池边，草鱼鱼种则常生活在水的中、下层和岸边；鲢鱼苗多居于水的上层中部，鱼种阶段生活在水的上、中层，动作敏捷；鳙鱼苗和鱼种栖息于水的中、上层，动作稍缓；鲤鱼苗常栖息于水的下层，不太喜欢游动，但对惊动反应敏捷，较难捕捞，在鱼种阶段争食较凶；鲂鱼苗常栖息于沿岸水流缓慢处，活动力不强，但在鱼种阶段，摄食饵料敏捷，游动速度也较快。

4. 对水质的要求　鱼苗、鱼种的代谢强度较高，故对水体溶解氧量的要求高。所以，鱼苗、鱼种池必须保持充足的溶解氧量，并投给足量的饲料。否则，池水溶解氧量过低，饲料不足，鱼的生长就会受到抑制，甚至死亡。这是饲养鱼苗、鱼种过程中必须注意的。

鱼苗、鱼种对水体 pH 的要求比成鱼严格，适应范围小，最适 pH 为 7.5～8.5。鱼苗、鱼种对盐度的适应力也比成鱼弱。成鱼可以在盐度为 0.5 的水中正常生长和发育，但鱼苗在盐度为 0.3 的水中生长便很缓慢，且成活率很低。鱼苗对水中氨的适应能力也比成鱼差。

5. 鱼苗的主要生物学特点

（1）个体小，活动能力弱。下塘时的鱼苗，全长只有 5～9mm，个体小；身体上只具有鳍褶，活动能力弱。因此，敌害生物多，逃避敌害生物攻击的能力也差。养殖过程中要尽可能创造一个无敌害生物的环境，以提高成活率。

（2）口径小，食谱范围狭窄。刚下塘时，鱼苗的口径只有几十微米到 100 多微米，摄食器官尚待发育完善，只能靠吞食的方式摄食一些小型浮游动物，主要为轮虫和桡足类的无节幼体。鱼苗饲养过程中，随鱼体的长大，其口径也逐渐增大，取食器官也逐步发育完善。食谱也逐渐扩大，食物个体也逐步增大。因此，在饲养过程中，根据鱼苗规格的大小，提供数量充足的适口饵料，是提高成活率及促进鱼苗生长的又一重要方面。

（3）新陈代谢水平高，生长快。鱼苗阶段是鱼一生中生长速度最快的时期。因此，鱼苗需要从外界摄取大量的营养物质以供生长和消耗。而鱼苗体脂肪积累少，其耐饿能力就差，若某一时期缺乏适口饵料，则会降低鱼苗的成活率。

（4）敌害生物多，对环境适应能力差。鱼苗下塘初期，体表无鳞片覆盖，靠鳍褶游泳，身体幼小嫩弱，运动能力差，水体中的鱼类、虾、蛙、水生昆虫、青泥苔、水网藻等均有可能对其产生攻击和危害。同时，鱼苗对不良环境适应能力差，盐度、水温、pH、溶解氧等的剧烈变化，均会影响其正常的生长发育。因此，鱼苗培育中，清除敌害生物、改良水质环境，是提高鱼苗培育成活率的又一措施。

三、鱼苗、鱼种的计数方法

为统计鱼苗的生产量，或计算鱼苗的成活率、下塘率和出售数，必须正确计算鱼苗的总数。目前，生产上常用的计算方法有下述几种：

1. 杯量法 又称抽样法、点水法、大桶套小桶法、样杯法。本法是常用的方法，在具体使用时，又有以下两种形式：

（1）直接抽样法。鱼苗总数不多时可采用本法。将鱼苗密集捆箱一端，然后用已知容量（预先用鱼苗作过存放和计数试验）的容器（可配置各种大小尺寸）直接舀鱼，记录容器的总杯数，然后根据预先计算出单个容器的容存数算出总尾数。

计算举例：已知 50mL 的水杯可放密集的鱼苗 2 万尾，现用此杯舀鱼，共量得 500 杯，则鱼苗的总数为：

$$500 \times 2 \text{ 万尾} = 1\,000 \text{ 万尾}$$

在使用上述方法时，要注意杯中的含水量要适当、均匀，否则误差较大。其次鱼苗的大小也要注意，否则也会产生误差。不同鱼苗即使同日龄也有个体差异，在计数时都应加以注意。

（2）大碟套小碟法。在鱼苗数量较多时可采用本法，具体操作时，先用大盆（或大碟）过数，再用已知计算的小容器测量大盆的容量数，然后求总数。

计算举例：用大盆测得鱼苗数共 15 盆（在密集状态下），然后又测得每大盆合 30mL 的杯子 27 杯，已知每杯容量为 2.7 万尾鱼苗，因此，鱼苗总数为：

$$15 \times 27 \times 2.7 \text{万尾} = 1\,093\text{万尾}$$

2. 称量法 本法现已在全国各地广泛使用。根据苗种不同规格，选用不同精度的电子秤，秤取1g水花鱼苗或1 000g鱼种，精确计数尾数，然后推算总苗种数。

计算举例：用捞海随机抽取鲤水花鱼苗，用电子秤称取值为1.28g，经计数为760尾，共称取5 560g，则鱼苗总数为：

$$(760 \div 1.28) \times 5\,560 = 3\,301\,250 \text{尾}$$

与量杯法相同，此种计数方法在称取时含水量要适当、均匀，鱼苗、鱼种大小也要注意，否则误差较大。

3. 鱼篓直接计数法 本法在湖南地区使用，计数前先测知1个鱼篓能容多少笆斗水量，1笆斗又能装满多少鱼碟水量，然后将已知容器的鱼篓放入鱼苗，徐徐搅拌，使鱼苗均匀分布，取若干鱼碟计数，求出1鱼碟的平均数，然后计算全鱼篓鱼苗数。

计算举例：已知一鱼篓可容18个笆斗的水，每个笆斗相当25个鱼碟的容量，平均每碟鱼数为2万尾，则鱼篓的总鱼苗数为：

$$2\text{万尾} \times 25 \times 18 = 900 \text{万尾}$$

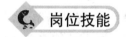 岗位技能

 项目 一 鱼苗培育

一、鱼苗的形态特征和质量鉴别

1. 鱼苗种类鉴别 主要养殖鱼类鱼苗可根据其外型特征，鳔的大小和形状、体色和色素分布的情况、尾鳍的鳍形状和部分区域的血管分布情况等特征进行区分。区分时，先观察群体的体色和大小情况，然后捞取少量个体观察特征，参照表3-3和图3-3进行区别。

表3-3 主要养殖鱼类鱼苗外形鉴别

鱼苗	体型	体色	色素（青筋）	鳔（腰点）	尾部
草鱼	较青鱼、鲢、鳙苗短小，但比青鱼胖	淡橘黄色	明显，起自鳔前，达肛门之上	椭圆形，较狭长而小，距头部近	尾小，如笔尖，具红色血管丛，俗称"红尾巴"
青鱼	体长，略弯曲，俗称"驼背青鱼"	淡黄色	灰黑色，明显，起自鳔前直至尾端，在鳔处向上弯曲	椭圆形，较狭长，前端钝，后端尖	有不规则小黑点，俗称"芦花尾"
鲢	体平直，仅小于鳙苗和青鱼苗	灰白色或灰黑色	明显，起自鳔前直至尾部，但不到脊索末端	椭圆形，前端钝，后端尖	上下具2黑点，上小下大，尾呈"切刀形"
鳙	体积大，肥胖	嫩黄色	黄色，自鳔前达肛门之上	椭圆形，较鳙苗大，距头部远	下叶具1黑点，尾呈"蒲扇形"
鲤	粗、短，头大，鳔后部分逐渐缩小	浅赭黄色	灰黑色	卵圆形，后端稍尖	尖细

（续）

鱼苗	体型	体色	色素（青筋）	鳔（腰点）	尾部
鲫	短小，楔形，鳔后部分逐渐缩小	浅黄色	粗、呈黑色	椭圆形，前端钝，后端尖	尾鳍褶圆形，下叶有不规则黑色素丛
团头鲂	细而短	透明无色	无	较小，卵圆形	尾鳍褶后缘平截，俗称"刀切尾"
鲮	短小而胖	稍呈红色	无	葫芦形，前端钝、后端尖	尾鳍褶圆形，基具一丛星状色素

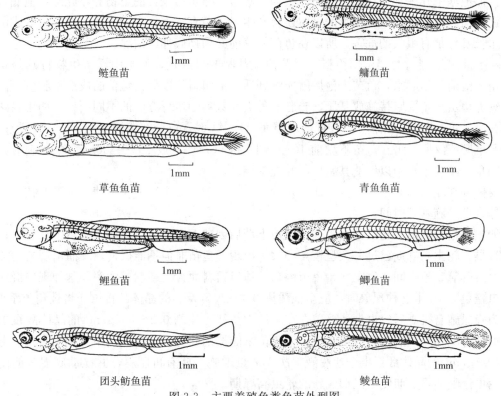

鲢鱼苗　　　　　　　　　鳙鱼苗

草鱼鱼苗　　　　　　　　青鱼鱼苗

鲤鱼苗　　　　　　　　　鲫鱼苗

团头鲂鱼苗　　　　　　　鲮鱼苗

图 3-3　主要养殖鱼类鱼苗外型图
（引自戈贤平，《池塘养鱼》，2009）

2. 鱼苗质量鉴别　鱼苗质量的好坏，对鱼苗饲养中的生长速度和成活率影响极大。鱼苗质量优劣鉴别见表 3-4。

表 3-4　鱼苗质量优劣鉴别
（引自戈贤平，《池塘养鱼》，2009）

鉴别方法	优质苗	劣质苗
看体色	整体鱼苗群体色素相同，无白色死苗，身体清洁，体色微黄或稍红	群体体色不一，为"花色苗"，带有白色死苗，苗体拖带污泥，体色发黑或带灰色
看游动情况	受惊吓能迅速分散下潜，用手在盛苗容器内搅动水体形成旋涡，大部分能逆水游泳	受惊吓后行动慢，大部分被卷入旋涡

（续）

鉴别方法	优质苗	劣质苗
抽样检查	在白瓷盆内，口吹水面，能逆水游泳，倒掉水后，鱼苗在盆底剧烈挣扎，头尾弯曲成圆圈	在白瓷盆内，口吹水面，顺水游泳，挣扎无力，头尾仅能扭动

二、放养前的准备

1. 池塘清整　鱼苗是鱼类生活史中最脆弱的时期，因此，特别需要有一个安全的生活环境。而池塘中几乎都存在许多的病原生物、敌害、与鱼苗争食的生物等，此外，池底过多的淤泥可引起池水缺氧，有机物的分解还会产生对鱼苗有毒害作用的物质，对鱼苗的成活率以及生长发育都有很大的危害，所以在鱼苗放养前必须彻底加以清除。

2. 施基肥，培养鱼苗适口饵料　鱼苗池施基肥的目的是，使水中浮游生物特别是轮虫在鱼苗入池前繁殖起来，鱼苗入池后就能吃到适口的饵料，以保证鱼苗的成活率和生长。因此，饲养鱼苗一定要坚持施放基肥，施肥的种类和数量随培育方法的不同而异。如用腐熟发酵的粪肥，可在鱼苗下塘前5～7d（依水温而定），每667m² 全池泼洒粪肥150～300kg；如用绿肥堆肥或沤肥，可在鱼苗下塘前10～14d，每667m² 投放200～400kg。绿肥应堆放在池塘四角，浸没于水中以促使其腐烂，并经常翻动。

要做到在轮虫高峰期（每升水体中含轮虫8 000～10 000个）适时下塘，关键的技术是要掌握好合理的施基肥时间。

如施肥过晚，池水轮虫数量尚少，鱼苗下塘后因缺乏大量适口饵料，必然生长不好；如施肥过早，轮虫高峰期已过，大型枝角类大量出现，鱼苗非但不能摄食，反而出现枝角类与鱼苗争溶解氧、争空间、争饵料，鱼苗因缺乏适口饵料而大大影响成活率。这种现象群众称为"虫盖鱼"。发生这种现象时，应全池泼洒0.2～0.5g/m³ 的晶体敌百虫，将枝角类杀灭。

为确保施有机肥后轮虫大量繁殖，在生产中往往先泼洒0.2～0.5g/m³ 的晶体敌百虫杀灭大型浮游动物，然后再施有机肥料。如鱼苗未能按期到达，应在鱼苗下塘前2～3d，再用0.2～0.5g/m³ 的晶体敌百虫全池泼洒1次，适量增施一些有机肥料，并搅动底泥，促使底泥中轮虫休眠卵再次萌发，以形成新的轮虫高峰期。

3. 及时注水　注水时间在施基肥前后1～2d即可。注水时要避免水流直冲池底，并要进行严密过滤，防止敌害进入鱼池。早春气温低，注水要浅，一般开始注水30～50cm深，水浅经日晒水温易提高，同样数量的肥料，水浅则水的肥度大，饵料生物繁殖快，鱼苗适口的饵料相对密度也就大，这就为处于代谢最旺盛时期的鱼苗，提供了快速生长的有利基础。鱼苗放养前池水应达70cm以上，以防青泥苔、水网藻等产生。随着鱼苗的生长和水质的变化，再逐渐加深池水，到夏花鱼种出池前，鱼池深度要达到1.2～1.5m。注水的深度要考虑到鱼池的面积和风力情况，如果池塘面积较大，风多而强，注水就要深些，以免风浪将池水搅混浊，伤害鱼苗。鱼池开始注水的速度不能太快，如果开始灌水速度很快，就会把整个秋冬季由细菌分解有机质而增加的大量可溶性营养元素冲到土的深层而白白浪费，起不到提高池水肥度的作用。因此，注水时要采取缓慢浸润慢灌的方法，使水能以水平的方向慢慢浸润整个池底，然后再加快注水速度。

三、鱼苗放养

1. 放养密度　鱼苗放养密度，是影响其成活率及生长速度的重要原因之一。放养密度过小，浪费资源；放养密度过大，饵料和氧量就必然供应不足，鱼苗生长发育缓慢，抗病力及对不良环境的适应能力降低，极易被病虫害侵袭，造成鱼苗成活率下降。合理的放养密度，可充分利用池塘的水体空间，节约饲料、肥料和人力，提高经济效益。影响鱼苗放养密度的因素较多，如鱼苗供应的早晚、鱼苗池的条件、饲料质量、天然饵料的供应情况、肥料的质量、鱼苗的种类和饲养技术水平等。

一般情况下，将鱼苗一次养至夏花，每 $667m^2$ 可放养 10 万～15 万尾；若将鱼苗养至乌仔分池，每 $667m^2$ 可放养 15 万～20 万尾；乌仔养至夏花，每 $667m^2$ 可放乌仔 5 万～8 万尾。一般青鱼、草鱼鱼苗放养时可稀一些；鳙、鲢、鲮适中；鲤、鲫可密一些。若要求培育至夏花的时间短，可适当稀放。北方地区为了提早培养大规格鱼种，可适当减少 10%～20% 的放养量。

2. 鱼苗放养注意事项

（1）适时下塘。适时下塘包含两层含义，一是鱼苗能否主动摄食，人工繁殖的鱼苗必须待鳔充气、能平游、能主动摄取外界食物的混合营养阶段下塘；二是在放养池塘轮虫高峰期下塘。

适时下塘在生产上显得尤为重要，它一方面预示着鱼苗下塘有充足的天然饵料；另一方面，由于药物清塘的作用，鱼苗的敌害生物被药物杀灭，因此，鱼苗适时下塘成活率高。若下塘时间延迟，新的敌害生物滋生，则鱼苗下塘成活率低。

生产案例

四川省彭州市鱼种场在培育黄颡鱼苗时曾发生这样的事件：因鱼苗比计划的时间晚到 5d，而池塘未进行第 2 次消毒处理，鱼苗下塘后 6d 左右，面积为 $2\,000m^2$ 鱼苗塘内放养的 30 万尾黄颡鱼苗被蜻蜓幼虫吃得一个不留，肉眼可见水体有大量的蜻蜓幼虫。分析原因，主要在于未适时下塘，鱼苗下塘后池塘内的敌害生物大量滋生，鱼苗下塘后游泳能力弱，难以躲避敌害的攻击。若鱼苗适时下塘，即使有敌害滋生，如蜻蜓幼虫，也可能在刚孵化出来就成为鱼苗的饵料。因此，生产上若不能按计划适时下塘，且时间超过 5d，一定要再次清塘后再放养水花鱼苗，否则鱼苗下塘后的成活率难以保证。

（2）拉空塘网。鱼苗在入池前 1～3d 要用密眼网拉几次空塘，一方面使堆积在池底的剩余清塘药物充分溶解，以防毒害鱼苗；另一方面，进一步清除敌害，如果发现大型浮游动物、水生昆虫等敌害，可用敌百虫全池泼洒进行杀灭。

（3）检查池水。在鱼苗入池前要检查清塘的药物毒力是否消失，以及水的肥度是否合适。在池塘中悬挂小网箱，将鱼苗放入箱中观察 8～10h，看生活是否正常，以确定鱼苗能否入池。也可根据水色、透明度和饵料生物情况判断水的肥度，如发现池水过肥，可加注新水调节。池水的肥度不够，应立即补施少量化肥或增投人工饵料。

（4）缓苗。鱼苗入池时要求池水温度与运鱼水温之差不超过 3℃，如果水温相差过大，就应先逐渐调整温差，待鱼苗适应后再放入池塘。用塑料袋运输的鱼苗，在入池前应先将塑料袋缓慢放入事先安置在鱼池中的网箱内，待池内水温与袋内一致，再打开袋口，使池水与袋内的水逐渐混合，5～10min后再将鱼苗连水一起缓慢倒入网箱内，借此调节水温差和鱼苗对袋内外气压改变的适应，有人称之为"缓苗"。

（5）上风头或较深水处缓慢放苗。鱼苗入池一定要注意缓慢而轻放，鱼苗入池后不要立即离开，要等鱼苗散开游入池中后再离去。如发现鱼苗密集成团，要用水滴轻轻泼洒，使其散开游入池中。遇到风天，要在上风头深水处放苗，以免鱼苗被风浪吹到池坡或压到池底而造成伤亡。

（6）饱食下塘。鱼苗入池前喂1～2次熟蛋黄（每10万尾鱼苗喂1个蛋黄）或饲料酵母，如能捞取轮虫投喂更理想，其成活率和生长度都比不喂的有明显提高。

（7）同一池塘应放养规格一致的同种鱼苗。尽量争取一次放足，以免发生出池规格不齐的现象。规格不一致的同种鱼苗放养在一起，由于大鱼苗的抢食能力强，攻击性强，大鱼苗的生长速度远远超过小鱼苗，两极分化将更加明显。同时，鱼苗培育一般都采取单养。

四、饲养方法

我国各地饲养鱼苗的方法很多。浙江、江苏的传统方法是以豆浆泼入池中饲养鱼苗；广东、广西则用青草、牛粪等直接投入池中沤肥饲养鱼苗，并在草鱼、鲮鱼苗池中辅喂一些商品饲料，如花生饼、米糠等；四川、重庆则采用肥水培育浮游动物，并结合豆浆和人工配合饲料培育鱼苗的混合饲养法。另外，还有混合堆肥饲养法、有机或无机肥料饲养法、综合饲养法以及草浆饲养法等。现将生产上常用的饲养方法分述如下：

1. 大草饲养法 又称绿肥、粪肥饲养法。这是广东、广西的传统饲养方法。在鱼苗下塘前5～10d，池水深0.8m，投大草（一般为菊科、豆科植物——如野生艾属或人工栽培的柽麻等）200～300kg，再加入经过发酵的粪水100～150kg，或将大草和牛粪同时投放。草堆一角或每束15～25kg扎成1捆，放池边浅水处，隔2～3d翻动1次，去残渣，最好把大草捆放上风处，以使肥水易于扩散。追肥是每隔3～4d施肥1次，每667m² 每次投大草100～200kg，牛粪30～40kg和饼浆1.5～2.5kg，也有单用大草沤肥的。

2. 豆浆饲养法 浙江、江苏一带的传统饲养方法。鱼苗下池后，即开始喂豆浆。黄豆先用水浸泡，每1.5～1.75kg黄豆加水20～22.5kg。18℃时浸泡10～12h，25～30℃时浸泡6～7h。将浸泡后的黄豆与水一起磨浆，磨好的浆要及时投喂，过久要发酵变质。一般每天喂2次，分别在8：00～9：00和13：00～14：00。豆渣要先用布袋滤去，泼洒要均匀。鱼苗初下池时，每667m² 每天用黄豆3～4kg，以后随水质的肥度而适当调整。经泼洒豆浆10余天后，水质转肥，这时，草、青鱼开始缺乏饲料，可投喂浓厚的豆糊或磨细的酒糟。

3. 混合堆肥法 堆肥的配合比例有多种：①青草4份，牛粪2份，人粪1份，加1%生石灰；②青草8份，牛粪8份，加1%的生石灰；③青草1份，牛粪1份，加1%的生石灰。制作堆肥的方法：在池边挖建发酵坑，要求不渗漏，将青草、牛粪层层相间放入坑内，将生石灰加水成乳状泼洒在每层草上，注水至全部肥料浸入水中为止，然后用泥密封，让其分解腐烂。堆肥发酵时间随外界温度高低而定，一般在20～30℃时，20～30d即可使用。肉眼观察，腐熟的堆肥呈黑褐色，放手中揉成团状不松散。放养前3～5d塘边堆放2次基肥，每次用堆肥150～200kg。鱼苗下塘后每天上、下午各施追肥1次，一般每667m² 施堆肥汁75～100kg，全池泼洒。

4. 混合饲养法 这是四川、重庆等地常用的饲养方法。在鱼苗下塘前4～5d，先用有机肥（人粪尿、猪粪、鸡粪、牛粪、青草）等作为基肥，以培育水质，每667m² 放有机肥

200～250kg，培育浮游动物，待轮虫高峰期鱼苗下池后，每天投喂豆浆，每天每 667m² 施黄豆（磨成浆）1kg 左右，一般分 2～3 次投喂。同时，在饲养过程中根据池塘中浮游动物的丰歉，适当追施经腐熟发酵的有机肥。在鱼苗下池 10～15d，向池塘中遍洒粉状配合饲料。粉状配合饲料的粗蛋白含量为 36%～40%，并随着鱼苗的生长，逐渐投喂适口的破碎配合饲料，在夏花鱼种出池前进行摄食驯化。此法培育鱼苗密度大，产量高。

五、饲养管理

1. 分期注水 鱼苗培育过程中分期向鱼池注水，是提高鱼苗生长率和成活率的有效措施。鱼苗下池时池塘水深为 50～60cm，以后每隔 3～5d 注水 1 次，每次注水 15～20cm，培育期间共加水 3～4 次，一般在夏花鱼种出池时池水深度达 1.2～1.5m。注水时必须在注水口用密网拦阻，以防止野杂鱼和其他敌害随水进入池中，同时不让水流冲起池底淤泥搅混池水。分期注水的优点：

（1）水温提高快，促进鱼苗生长。鱼苗下塘时保持浅水，水温提高快，可加速有机肥料的分解，有利于天然饵料生物的繁殖和鱼苗的生长。

（2）节约饵料和肥料。水浅池水体积小，豆浆和其他肥料的投放量相应减少，可以节约饵料和肥料的用量。

（3）有效控制池塘的水质。根据鱼苗的生长和池塘水质情况，适当添加一些新水，提高水位和水的透明度，增加水中溶解氧量，改善水质和增大鱼的活动空间，促进浮游生物的繁殖和鱼体生长。

2. 追肥 清水入池的鱼苗，虽然泼洒豆浆，也主要是起肥水作用，所能被鱼苗直接食用的只占极小比重。试验证明，孵出 10d 内的鱼苗，其消化系统发育还很不完善，肠道浸出液的酶含量比浮游动物还要低 2～3 倍。因此，鱼苗初期是利用摄食浮游动物的酶来促进消化。如果仅摄食人工饵料，无疑就会严重影响鱼苗的成活率和生长率，故摄食浮游动物的鱼苗生长速度和成活率更有可靠的保证。浮游动物不仅适口，而且营养成分全面，又是鱼苗补充各种酶的主要来源，并易于消化吸收。

主要养殖鱼类的鱼苗，在体长 15mm 以前的食性基本相同。特别是在发育早期，都以小型浮游动物为食，因此，保持池水的一定肥度是非常必要的。由于鱼苗吃掉浮游动物，池水肥度逐渐下降，这就需不断地向池塘中追施肥料，以补充水中养分的消耗，保持池塘中浮游生物的量和良好的水质。

鱼苗入池后，每天每 667m² 可追施发酵好的肥料 25～50kg，施用时可以洗出肥汁泼入池中，要求细微均匀，少量勤施，每天可分 2～3 次泼洒，但务必使全池都能泼到，且残渣不泼入鱼池，以免影响水质。根据水质的肥度变化，灵活进行追肥，是保证鱼苗成活率和生长的重要技术措施之一。

鱼苗培育池追肥，要依据"三看"的原则：

（1）看水的透明度追肥。鲢、鳙苗为主的池水透明度可稳定在 20～25cm，草鱼、鲤苗为主的池水透明度在 30cm 左右为好。

（2）看天气情况追肥。天晴多施，阴雨天少施或不施肥。从节气上，立夏到小满施肥要勤，采取"次多量少"的原则；而芒种到夏至，施肥量可增加而次数减少。

（3）看鱼的浮头情况追肥。鱼苗入池后几天就发现浮头，要控制施肥，入池后 5～6d 只发现轻微浮头，说明水质较好。如在放养密度较大的情况下，而看不到鲢、鳙苗的浮头，就应及时追肥。

3. 投饲和摄食驯化　　大宗淡水鱼类鱼苗培育成乌仔只要10～15d的时间，只要能肥好水，根据水的肥度适当投喂豆浆，并能稳定水质，天然饵料一般就可满足鱼苗的需要。

鱼苗下池10～15d后，摄食量增大，天然饵料已无法满足鱼苗生长的需要，因此需及时补充人工饲料。在四川、重庆等地，下塘10d的家鱼苗开始投喂蛋白含量为36%～40%的粉状配合饲料。可购买成品料，也可将鱼种颗粒饲料用粉碎机粉碎，再经60目筛网过筛，取筛下料全池遍洒。以后随鱼苗个体增大，增大粉状配合饲料粒径。

在投喂粉状配合饲料的同时，对鱼苗进行摄食驯化。对家鱼苗来说，操作要点是：

（1）全池遍洒粉状配合饲料，以池塘面积计，投喂量以粉料能均匀地浮在池面为宜，视天气情况，每天投喂3～5次。

（2）投喂3～5d后，已明显能观察到鱼苗在水面采食的"水点"后，逐渐缩小投喂面积，有风天气在池塘的上风口投喂，无风天气投半池，最后集中在池塘固定投食点投喂。饲料粒径也逐渐增大，到夏花鱼种出池前，可投喂粒径为0.5mm的破碎饲料。

（3）从投喂粉状配合饲料开始，上述摄食驯化过程需要7～10d，鱼苗即可到固定投食点集中抢食了。鱼苗集中摄食后，可按鱼体重的8%～10%投喂配合饲料。

4. 防止气泡病和清除敌害　　在鱼苗下塘初期，晴天中午，浮游植物光合作用和底泥有机物分解产生的气泡被鱼苗误吞入肠道后造成鱼苗气泡病，气泡也可聚集在鳃、鳍条和体表，但以肠道被气泡阻塞为多见，鱼苗失去平衡，不久即浮于水面死亡。防止鱼苗气泡病最有效的方法是合理密养，一是保证鱼苗下塘前期有足够的天然饵料；二是控制池塘肥度，及时加注新水；三是出现气泡病时，每$667m^2$泼洒食盐2～3kg，可缓解病情。

鱼苗培育前期，水浅，特别是浮游动物高峰期，池塘中的浮游植物被浮游动物消耗殆尽，池水透明度大，青泥苔、水网藻极易滋生，大量繁殖时，影响鱼苗的摄食、活动、拉网扦捕，并降低成活率。防止方法：一是根据水色和透明度施追肥；二是在鱼苗池透明度大时，从邻近鱼池抽取一部分老水，降低鱼苗池透明度，抑制青泥苔、水网藻的生长和繁殖。

此外，蝌蚪、水生昆虫及其幼虫都将成为鱼苗的敌害（图3-4）。为此，需早晚巡池，捞除池塘中的蛙卵和蝌蚪。

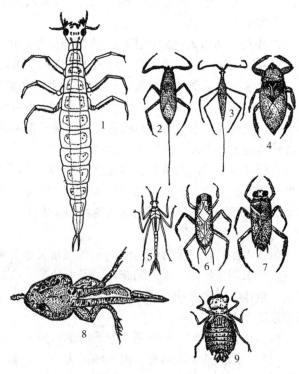

图3-4　鱼苗敌害

1. 水蜈蚣　2. 红娘华　3. 中华水斧　4. 田鳖
5、9. 水蚤　6、7. 松藻虫　8. 蝌蚪　9. 水蚤
（黑龙江水产学校，《池塘养鱼》，1993）

及时清除池中杂草和浮物，避免敌害藏匿和产卵，也可结合拉网锻炼清除，必要时采用药物清除。

对于鱼苗池中以呼吸空气中氧气的敌害水生昆虫及其幼虫，如水蜈蚣等，除可利有药物杀灭外，还可用灯光诱杀，即用竹、木或 PVC 管搭成方形或三角形框，框内放置少量煤油，挂上电灯，夜间水蜈蚣及其他呼吸空气中氧气的敌害昆虫及其幼虫趋光而至，接触煤油会窒息而亡。也可结合鱼苗的拉网锻炼，将鱼苗及这类昆虫及其幼虫围捕在网中后，在围网内水面上撒入少许煤油，密封水面，也可达到同样的效果。

5. 巡塘　巡塘的内容是观察鱼的活动情况、水色变化情况，目的是及时发现问题采取相应措施。巡塘一般在早晨、中午和傍晚 3 次进行。早晨巡塘主要是观察鱼浮头现象。若发现鱼苗出现严重浮头，日出之后仍不解除，应立即加注新水抢救，并减少甚至停止施肥投饲。巡塘时还要注意观察鱼病情况，如果有鱼离群，身体发黑，沿池边缓慢游动，要马上捞出检查，确定病因，采取必要的防治措施。鱼病严重时，要少投饲、施肥，甚至停止投饲施肥。巡塘时应随时捞取杂草、脏物、蛙卵和蝌蚪等。

6. 养殖记录　建立池塘档案，按时测定水温、溶解氧，记录天气变化情况，施肥投饲数量，鱼的活动情况，鱼病情况等，这样能不断总结经验和教训。

六、拉网锻炼和鱼苗出池

鱼苗的培育有乌仔和夏花分塘两种，但无论哪种规格分塘，在出池前都要经过拉网锻炼，才能减少出池、运输操作过程的损伤。

1. 拉网锻炼的目的　拉网使鱼密集一起，受到挤压刺激，分泌大量黏液，排出粪便，减少运输中的水质污染，并适应密集环境，提高耐缺氧的能力，鱼体受惊而增大运动，减少鱼体水分含量，使肌肉结实，因而有利提高运输的成活率。另外，拉网还可以清除敌害，顺便检查鱼苗的生长和体质情况，估算出乌仔或夏花的出塘率，以便做好生产和销售计划。

2. 锻炼方法　选择晴天，在 9：00 左右拉网。第 1 次拉网，只需将乌仔或夏花鱼种围集在网中，检查鱼的体质后，随即放回池内。第 1 次拉网，鱼体十分嫩弱，操作须特别小心，拉网赶鱼速度宜慢不宜快，在收拢网片时，需防止鱼种贴网。隔 1d 进行第 2 次拉网，将鱼种围集后，在其边上装置好谷池（为一长形网箱，用于夏花鱼种囤养锻炼、筛鱼清野和分养），将皮条网上纲与谷池上口相并，压入水中，在谷池内轻轻划水，使鱼群逆水游入池内。鱼群进入谷池后，稍停，将鱼群逐渐赶集于谷池的一端，以便清除另一端网箱底部的粪便和污物，不让黏液和污物堵塞网孔。然后放入鱼筛，筛边紧贴谷池网片，筛口朝向鱼种，并在鱼筛外轻轻划水，使鱼种穿筛而过，将蝌蚪、野杂鱼等筛出，再清除余下一端箱底污物，并清洗网箱（图 3-5）。

经这样操作后，可保持谷池内水质清新，箱内外水流通畅，溶解氧较高。鱼种约经 2h 密集后放回池内，第 2 次拉网应尽可能将池内鱼种捕尽。因此，拉网后应再重复拉 1 网，将剩余鱼种放入另一个较小的谷池内锻炼。第 2 次拉网后再隔 1d，进行第 3 次拉网锻炼，操作同第 2 次拉网。如鱼种自养自用，第 2 次拉网锻炼后就可以分养。如需进行长途运输，第 3 次拉网后，将鱼种放入水质清新的池塘网箱中，经一夜"吊养"后方可装运。吊养时，夜间需有人看管，以防止发生缺氧死鱼事故。

图 3-5　鱼苗拉网锻炼示意图

（引自雷慧僧，《池塘养鱼学》，1982）

3. 拉网锻炼注意的事项

（1）拉网前要清除池中的水草和青苔，以免妨碍拉网和损伤鱼体。池中青苔和水网藻过多，可采取下述方法清除：用成鱼网（网目以鱼苗能自由出入且不伤鱼为宜）缓慢拉网，让鱼苗逃逸到池塘对面，网到半池后起网，清除网内青苔和水网藻。再按上述方法反方向操作至半池起网，最后，全池拉网，可清除池内大部分的青苔和水网藻。

（2）要选择晴天的上午鱼不浮头时进行，如遇暴雨等恶劣气候，应立即停止拉网。

（3）鱼进箱后要及时清洗污泥和黏液，以免堵塞网目引起缺氧，要保持箱内外水体充分交换。

（4）拉网要缓慢，操作要细心。如发现鱼体娇嫩、贴网等异常现象应停止操作，将鱼立即放回池内，有风的天要顶风拉网，以免鱼贴网受伤。

（5）泥多水浅的池塘，拉网前要加高水位，收网时不能拖泥，否则应将鱼放回池内，第2 天重新拉网。也可在网底纲上插上几个草把子，加大底纲浮力，以免拖泥。

4. 出塘过数和成活率的计算　乌仔和夏花出塘过数的方法，各地习惯不一。目前，生产上一般采取重量法和杯量法计数。为保证过数准确，在过数前要先经过筛，将大小不同规格分开，再按不同规格分别计数。

根据放养数和出塘总数，即可计算成活率：

$$成活率＝（夏花出塘数／下塘鱼苗数）×100\%$$

5. 夏花鱼种质量鉴别　夏花鱼种质量优劣，可根据出塘规格大小、体色、鱼类活动情况以及体质强弱来判别（表 3-5）。

表 3-5　夏花鱼种质量优劣鉴别

鉴别方法	优质夏花	劣质夏花
看出塘规格 看体色	同种鱼出塘规格整齐 体色鲜艳、有光泽	同种鱼出塘个体大小不一 体色暗淡无光，变黑或变白
看活动情况	行动活泼、集群游动，受惊后迅速潜入水底，不常在水面停留，抢食能力强	行动迟缓，不集群，在水面漫游，抢食能力弱
抽样检查	鱼在白瓷盆中狂跳。身体肥壮，头小、背厚。鳞鳍完整，无异常现象	鱼在白瓷盆中很少跳动。身体瘦弱，背薄，俗语称"瘪子"。鳞鳍残缺，有充血现象或异物附着

生产案例

　　鱼苗培育生产记录：某苗种场用 5 号池（面积 1 400.7m²，淤泥厚度 15cm）培育湘云鲫寸片（夏花）鱼种（水花鱼苗定于 3 月 24 日抵达）：

　　3 月 13 日，天气晴，生石灰干法清池，用量 157kg。

　　3 月 15 日，施基肥：全池泼洒腐熟牛粪 600kg。

　　3 月 16 日，注水 50cm，水温 16℃。

　　3 月 23 日 14：00，用鱼苗网拉空网。

　　3 月 24 日，水温 18℃，16：30 水花如期抵达（5 号池放养水花 30 万尾），缓苗 1h，观察到鱼苗袋内水花活动正常，投喂 3 个熟蛋黄，观察到鱼苗体中央有一暗线后放入池塘。

　　放苗后每天 9：00、15：00 投喂豆浆（连渣），初期每次投喂黄豆 2kg（干重），后期逐渐增加，夏花鱼种出池前增加到每次投喂干黄豆 4kg 左右。

　　3 月 28 日，晴，上午在鱼池四周堆放腐熟牛粪 300kg；以后视池水肥度和天气情况（晴天）搅动堆肥，并将肥汁泼洒到四周。

　　4 月 10 日，晴，10：00 再次堆施腐熟牛粪 300kg；以后择时搅动堆肥并向全池泼洒。

　　4 月 17 日，拉网锻炼。

　　4 月 19 日，拉网锻炼。

　　4 月 20 日，出池湘云鲫寸片（夏花）种 26 万尾，成活率约 87%。

　　整个培育过程水温在 16～22℃。

项目 二　鱼 种 培 育

　　鱼苗经过前期培育，各种鱼的食性已开始发生分化，如仍留在原池培育，则由于密度过大，食料不足，势必影响鱼苗的生长，所以必须要分养。但如直接放入大水面养食用鱼，又因鱼体尚弱小，觅食能力和逃避敌害侵袭能力都还较弱，会造成大量死亡。因此，还需要再经过一段时间精细的饲养和管理，养成体格健壮、达到一定规格要求的鱼种，然后再进行食用鱼饲养，这是一个不可缺少的环节。

夏花鱼种培育

　　鱼种培育，是指将夏花鱼种培育成 1 龄（当年）鱼种或 2 龄（老口）鱼种的过程。鱼种培育的目的是，提高鱼种的成活率和培养大鱼种。生产上大规格鱼种有以下优点：

（1）大规格鱼种生长快，可缩短养殖周期，加速资金周转。经过鱼种强化培育的1龄大规格鱼种，当年或翌年养成即可上市。小规格的鱼种，在食用鱼池中一般要3年才能达到上市规格。

（2）节省池塘养殖水面，为扩大食用鱼养殖面积创造条件。实践证明，小规格的鱼种如套养在成鱼池中，其成活率很低（通常仅20%～40%）。只能采用2龄鱼种池进行专池培育。而规格大的鱼种，可直接套养在成鱼池中培养2龄鱼种，增加池塘的利用效率。

（3）鱼种成活率高，为鱼种自给提供了可靠的保障。大规格鱼种丰满度高，体内脂肪储存量多，其抗病力和抗寒力高，养殖和越冬过程中死亡率低。特别是北方地区，鱼类需经历150～190d的越冬期，养殖鱼类在越冬期内通常很少摄食甚至不摄食，维持鱼体代谢的热能主要依靠体内储存的脂肪。个体小的鱼所储存的脂肪少，越冬期间容易死亡。据研究，在东北地区，5～10g的鲤越冬成活率仅38%，而50g以上的鲤种越冬成活率达94.2%。

大规格鱼种体质健壮，成活率高，生长快，为池塘养鱼大面积高产、优质、低耗、高效打下良好的基础。

一、1龄鱼种培育

夏花鱼种个体较大，活动范围也广，因此，鱼池面积要比鱼苗池大些、深些，以面积1 334～5 336m²、水深1.5～2.5m为宜。鱼池的清整和基肥的施放，要求均同鱼苗饲养，但肥度要求高些。在鱼苗入池时就繁生起丰富的枝角类，使夏花鱼种下塘就能获得丰足的优质饵料，这对加速鱼种的生长和提高鱼种的成活率将起很大的作用。

夏花鱼种入池时，注水也不宜过深，0.5m左右即可，放鱼后再逐渐加深，注水时也要严密过滤。

（一）鱼种放养

1. 放养时间 一般在6～7月放养。几种搭配混养的夏花不能同时下塘，应先放主养鱼，后放配养鱼。尤其是以青鱼、草鱼和团头鲂为主的池塘，以保证主养鱼优先生长，防止被鲢、鳙挤掉，同时，通过投喂饲料、排泄粪便来培肥水质，过20d左右再放鲢、鳙等配养鱼。这样既可使青鱼、草鱼、团头鲂逐步适应肥水环境，提高争食能力，也为鲢、鳙准备天然饵料。

2. 混养搭配 鱼种阶段各种鱼的活动水层、食性、生活习性已有明显的差异，因此，可以将多种鱼进行适当的混养搭配，以充分利用池塘水体和天然饵料资源，并发挥鱼类间的互利作用，发挥池塘的生产潜力。但另一方面，由于各种鱼类对所投喂的人工饵料均喜食，容易造成争食现象，也难以掌握养成鱼种的规格。因此，应选择彼此争食较少、相互有利的种类搭配混养。一般应注意以下几点：

（1）鳙为主鱼池一般不宜混养鲢，它们的食性虽有所差别，但也有一定矛盾。鲢性情急躁，动作敏捷，争食能力强；鳙行动缓慢，食量大，但争食能力差，常因得不到足够的饲料，生长受到抑制。所以，一般鲢、鳙不宜同池混养。但考虑到充分利用池中的浮游动物，可以在主养鲢池中混养10%～15%的鳙。

（2）草鱼同青鱼在自然条件下的食性完全不同，没有争食的矛盾。但在人工饲养条件下，均饲喂人工饲料，因此会产生争食的矛盾。草鱼争食力强，而青鱼摄食能力差，所以一般青鱼池不混养草鱼，只能在草鱼池中少量搭养青鱼。

（3）鲤是杂食性鱼类，喜在池底挖泥觅食，容易使水混浊。但因其贪食，在草鱼池可以少量搭配鲤，但一般不超过 5%～8%，以控制小草鱼暴食和清扫食场。也可以实行主养，搭配少量鳙。

（4）青鱼同鳙性情相似，饲料矛盾不大。鳙吃浮游生物，可以使水清新，有利于小青鱼生长，可以搭配混养。

（5）草鱼同鲢争食能力相似，鲢吃浮游植物，能促使水体转清，有利于小草鱼生长，因此，它们比较适宜混养。

（6）主体鱼提前下塘，配养鱼推迟放养。采用此法，可人为地造成各类鱼种在规格上的差异，进一步提高主体鱼对饵料的争食能力，使主体鱼和配养鱼混养时，主体鱼具有明显的生长优势，保证主体鱼达到较大规格。采用此法是利用同池主体鱼和配养鱼在规格上的差距，来缩小或缓和各种鱼种之间的矛盾，将它们混养在一个池塘中。这就大大增加了鱼种混养的种类和数量，充分发挥鱼种池中水、种、饵的生产潜力，既培养了大批大规格鱼种，又提高了鱼种池的总产量，扩大了鱼种池对食用鱼池鱼种的供应种类和数量。

如草鱼为主体鱼的养殖类型，采用提早繁殖的鱼苗发塘，主体鱼的下塘时间比常规夏花提早 20～25d。作为配养鱼的鲫（或鲤）、团头鲂、鳙夏花比早繁夏花草鱼晚 30d 以上放养，而抢食能力最强的鲢夏花比主体鱼晚 60d 以上放养。采用此方法，其混养鱼类、出塘规格和总产量均有明显提高。

在生产实践中，多采用草鱼、青鱼、鳊、鲤等中下层鱼类分别与鲢、鳙等上层鱼类进行混养，其中，以一种鱼类为主养鱼，搭配 1～2 种其他鱼类。

3. 放养密度　夏花放养的密度，主要依据食用鱼饲养所要求的放养规格而定。根据食用鱼饲养的放养计划，而制定夏花鱼种的放养收获计划。一般每 667m² 放养 1 万尾左右，北方地区可以略为减少放养量，一般每 667m² 放养夏花鱼种8 000尾左右。

鱼种出塘规格大小，主要根据主体鱼和配养鱼的放养密度、鱼的种类、池塘条件、饵、肥料供应情况和饲养管理水平而定。同样的出塘规格，鲢、鳙的放养量可较草鱼、青鱼大些，鲢可比鳙多一些。池塘条件好，饵肥充足，养鱼技术水平高，配套设备较好，就可以增加放养量；反之，则减少放养量。

根据出塘规格要求，可参考表 3-6、表 3-7、表 3-8决定放养密度。

表 3-6　1 龄鱼种池 667m² 夏花放养量参考（江浙地区）

（引自戈贤平，《池塘养鱼》，2009）

主养鱼	放养量（尾）	出塘规格	配养鱼	放养量（尾）	出塘规格	放养总数（尾）
草鱼	2 000	50～100g	鲢	1 000	100～125g	4 000
			鲤	1 000	13～15cm	
	5 000	10～12cm	鲢	2 000	50g	8 000
			鲤	1 000	12～13cm	
	8 000	8～10cm	鲢	3 000	13～15cm	11 000
	10 000	8～10cm	鲢	5 000	12～13cm	15 000
青鱼	3 000	50～100g	鳙	2 500	13～15cm	5 500
	6 000	13cm	鳙	800	125～150g	6 800
	10 000	10～12cm	鳙	4 000	12～13cm	14 000

（续）

主养鱼	放养量（尾）	出塘规格	配养鱼	放养量（尾）	出塘规格	放养总数（尾）
鲢	5 000	13～15cm	草鱼	1 500	50～100g	7 000
			鳙	500	15～17cm	
	10 000	12～13cm	团头鲂	2 000	10～12cm	12 000
	15 000	10～12cm	草鱼	2 000	12～13cm	17 000
鳙	4 000	13～15cm	草鱼	2 000	50～100g	6 000
	8 000	12～13cm	草鱼	2 000	13～15cm	10 000
	12 000	10～12cm	草鱼	2 000	12～13cm	14 000
鲤	5 000	10～12cm	鳙	4 000	12～13cm	10 000
			草鱼	1 000	12～13cm	
团头鲂	5 000	10～12cm	鳙	4 000	12～13cm	9 000
	9 000	10cm	鳙	1 000	13～15cm	10 000
	25 000	6～7cm	鳙	100	500g	25 100

表 3-6 所列密度和规格的关系，是指一般情况而言。在生产中，可根据需要的数量、规格、种类和可能采取的措施进行调整。如果能采取食用鱼养殖的高产措施，每 667m² 放 20 000尾夏花鱼种，也能达到 13cm 以上的出塘规格。

在南方地区，采取高效养殖技术措施，每 667m² 放养鲤夏花鱼种1 000～1 500尾，并适当搭配放养鲢、鳙 1 龄鱼种，当年即可养成平均尾重 750g 的鲤食用鱼；在草鱼池中每 667m² 适当搭配混养鲤夏花鱼种 100～200 尾，年底也可直接养成食用鱼。

表 3-7 三北地区夏花 667m² 放养量与出池规格
（黑龙江水产学校，《池塘养鱼》，1993）

主养鱼		配养鱼		总放养量（尾）	出池规格（cm）
品种	放养量（尾）	品种	放养量（尾）		
鲤	6 000	草鱼	500	10 000	10～13
		鲢	3 000		
		鳙	500		
	4 500	草鱼	380	7 500	13～17
		鲢	2 240		
		鳙	380		
	3 000	草鱼	250	5 000	17 以上
		鲢	1 500		
		鳙	250		
草鱼	6 600	鲤	550	11 000	10～13
		鲢	3 300		
		鳙	550		
	4 800	鲤	400	8 000	13～17
		鲢	2 400		
		鳙	400		
	3 600	鲤	300	6 000	17 以上
		鲢	1 800		
		鳙	300		

（续）

主养鱼		配养鱼		总放养量（尾）	出池规格（cm）
品种	放养量（尾）	品种	放养量（尾）		
鲢	7 200	鳙 鲤 草鱼	1 200 2 400 1 200	12 000	10～13
	5 400	鳙 鲤 草鱼	900 1 800 900	9 000	13～17
	4 200	鳙 鲤 草鱼	700 1 400 700	7 000	17 以上
鳙	6 900	鲤 草鱼	2 300 2 300	11 500	10～13
	5 100	鲤 草鱼	1 700 1 700	8 500	13～17
	3 900	鲤 草鱼	1 300 1 300	6 500	17 以上

表 3-8　北方以夏花鲤为主体鱼每 667m² 放养收获模式

（引自王武，《鱼类增养殖学》，2000）

鱼种	放养			成活率（%）	收获		
	规格（cm）	尾	重量（kg）		规格（g）	尾	重量（kg）
鲤	4.5	10 000	10.00	88.2	100	8 820	882
鲢	3.5	200	0.15	95	500	190	95
鳙	3.5	50	0.05	95	500	48	24
合计	—	10 250	10.20			9 058	1 001

注：投喂高质量的鲤颗粒饲料，饲料系数 1.3～1.5。

（二）饲养管理

1. 饲料投喂

（1）驯食。夏花鱼种出池前虽已进行了摄食驯化，但经过分塘饲养，对新的环境尚不适应，为此，有必要在夏花鱼种入池后即进行摄食驯化。驯食的方法是在池边上风向阳处，向池内搭 1 个跳板，作为固定的投饵点，夏花下塘第 2 天开始投喂。每次投喂前在跳板上先敲铁桶，然后每隔 10s 撒一小把饵料。无论吃食与否，如此坚持数天，每天投喂 4 次，一般经过 3～5d 的驯食，能使鱼种集中上浮吃食。为了节约颗粒饵料，驯化时也可以用米糠、次面粉等漂浮性饵料投喂。通过驯化，使鱼种形成上浮争食的条件反射，不仅能最大限度地减少颗粒饵料的散失，而且促使鱼种白天基本上在池水的上层活动。由于上层水温高，溶解氧充足，能调动鱼种的食欲，提高饵料消化吸收能力，促进其生长。

（2）投饵量。摄食驯化完成后，即可转入正常投喂。投饵量通常用投喂饲料的重量占鱼体湿重（生物量）的百分数来表示，又称投饵率。投饵量过低和过高，对鱼种的生长发育均不利。投饵量过低，鱼种长期处在饥饿或半饥饿状态，生长缓慢；投饵量过大，饲料浪费多，而且影响水质。合适的投饵量是提高饲料利用率、降低养殖成本的关键。因此，应根据水温和鱼体重量，每隔 10d 检查鱼种的生长情况，然后计算出全池鱼种总重量，参照日投饵率就可以估算出该池当天的投饵数量，并及时调整投饵量（表 3-9）。其他鲤科鱼类的投饵量可参照表 3-9 执行。

表 3-9　鲤种的日投饵率（%）

（引自王武，《鱼类增养殖学》，2000）

日投饵率（%）　体重（g） 水温（℃）	1～5	5～10	10～30	30～50	50～100
15～20	4～7	3～6	2～4	2～3	1.5～2.5
20～25	6～8	5～7	5～7	3～5	2.5～4
25～30	8～10	7～9	7～9	5～7	4～5

　　生产上也可以根据现场测定来确定投饵量。具体的操作方法是每天投喂 2～4 次，每次投饵量以 30～40min 吃完为宜，统计当天的投饵量，并作为第 2 天投饵的基础，一般每 7d 调整 1 次投饵量。

　　（3）投饵次数。一般来说，夏花放养后，每天投饵 2～4 次，7 月中旬后每天增加到 4～5 次，投饵时间集中在 8：00～18：00。此时，水温和溶解氧均高，鱼类摄食旺盛。每次投饵时间持续 30～40min，投饵频率不要太快。一般来说，当绝大部分鱼种吃饱游走，可以停止投饵。9 月下旬后投喂次数可减少，10 月每天投 1～2 次。

　　（4）投饵方法。投饵坚持"四定"原则，即定时、定位、定质、定量。

　　①定时。投饵必须定时，以养成鱼类按时吃食的习惯，提高饵料利用率；选择水温较适宜、溶解氧较高的时间投饵，可以提高鱼的摄食量，有利于鱼类生长。夏季应避开水温较高时间投喂。

　　②定位。投饵必须有固定的位置，使鱼类集中于一定地点摄食。定点投喂一方面可以减少饲料浪费，另一方面也便于检查鱼的摄食情况，便于清除残饵和定期进行食场的消毒，保证鱼种的摄食卫生。在鱼病高发季节，还便于对鱼种进行药物处理，防治鱼病。投喂青饲料可用竹竿搭成三角或方形框架，将青饲料投在框内。投喂商品饵料可在水面以下 30～40cm 处，用芦席或木盘搭成面积 1～2m² 的食台，将饵料投在食台上让鱼类摄食。

　　③定质。饲料必须新鲜，不腐败变质。青饲料必须鲜嫩，无根无泥。配合饲料要求符合鱼类营养要求，粒径大小合适，保证饵料的适口性。

　　④定量。投饵应掌握适当的数量，使鱼类吃食均匀，以提高鱼类对饵料的消化吸收率，减少疾病，利于生长。每天的投饵量，应根据水温、天气、水质和鱼的吃食情况等灵活掌握。水温 25～32℃，饵料可多投；水温过高或较低，则投饵量减少。晴天可多投，阴雨天应减少投饵甚至暂停投饵。水质较瘦，水中有机物耗氧量小，可多投；水质过肥，有机物耗氧量大，应减少投饵量。及时检查鱼的吃食情况，是掌握下次投饵量的最重要方法。如投饵后鱼很快吃完，应适当增加投饵量；如较长时间吃不完，剩下饵料较多，则减少投饵量。一般来说，经驯化集中摄食配合颗粒饲料的鱼种，每次投饵量以 30～40min 吃完为宜。青饲料的投喂，应以当天吃完为宜。

　　全年投饲量可根据一般饲料系数和预计产量来计算：

全年投饲量＝饲料系数×预计产量（kg）

　　求出全年投饲量后，再根据一般分月投饲百分比，并参照当时情况决定当天投饲量（表

3-10）。求出全年的饲料需要量和各月的饲料需求量，还可以提前做好资金计划，保障鱼种生产顺利进行。

表 3-10　各月份投饲比例

月份	6	7	8	9	10	11	12	翌年 1～3	合计
投饲（%）	2	10	22	26	20	10	6	4	100

2. 施肥　适用于以鲢、鳙为主养鱼的池塘。该法以施肥为主，适当辅以精饲料。因夏花放养后正值天气转热的季节，施肥时应特别注意水质的变化，不可施肥过多，以免遇天气变化而发生鱼池严重缺氧，造成死鱼事故。粪肥可每天或每 2～3d 全池泼洒 1 次，施粪肥量根据天气、水质等情况灵活掌握：通常，每次每 667m² 施粪肥 100～200kg。养成 1 龄鱼种，每 667m² 共需粪肥 1 500～1 750kg。每万尾鱼种需精饲料 75kg 左右。

3. 日常管理

（1）每天早晨、中午和晚上分别巡塘 1 次，观察水色和鱼种的动态。早晨如鱼类浮头，应及时注水解救。下午检查鱼类吃食情况，以便确定翌日的投饵量。

结合巡塘捞除蛙卵、水生昆虫等敌害生物，并清除池边杂草和池中杂物。

（2）适时注水，调节水质。通常每月注水 2～3 次，每次加水 15～20cm，有条件的池塘，也可排出底层水。在 7～9 月，每隔半月向池中泼洒生石灰水一次，使水体生石灰浓度达到 30～40g/m³。

因鱼池载鱼量高，高产池塘必须配备增氧机，每 667m² 配备增氧机功率应不小于 0.75kW，并做到合理使用增氧机。

（3）定期检查鱼种生长情况。如发现生长缓慢，必须加强投饵。如个体生长不均匀，应及时拉网，进行分级饲养。

（4）要经常清草除害。对池塘和池堤的杂草都应清除干净。池中蓝藻大量繁生时，池水必须要"大冲大换"，一般要换新水 1/2～2/3，而小冲小换不会解决问题，反而会延误时间，影响鱼种的生长。夏天在池中混养部分罗非鱼，也可起到压制蓝藻的作用。如果采用药物杀灭时要慎重，严防死鱼。蓝藻含有大量蛋白质，死后分解可产生毒素，对鱼类有严重危害。用 0.7～0.8mg/L 的硫酸铜全池泼洒时，1～2h 后水色变为混白，就要立即进行换水，将杀死的蓝藻大部分排出池外，以免毒害鱼类。

水鸟的危害也很严重，应设法驱除，可以在池中放些树枝防水鸟或在池边设置防鸟网。

（5）做好防洪、防逃和防治病害等工作。在雨季前要整修堤坝和注排水渠道，水位上涨和大雨后，应及时检查注排水口，以防逃鱼。必要时夜间应专人值班，负责检修；在鱼病流行季节，要对鱼种进行药物消毒，定期对饵料台或食场进行消毒，定期投喂药饵，必要时也可全池泼洒消毒药物和杀虫药物。

（6）要认真做好饲养管理记录，建立鱼池档案。鱼种日常管理是经常性的工作，为提高管理的科学性，必须做好放养、投饵施肥、加水、防病、收获等方面的记录的原始资料的分析、整理，并做到定期汇总和检查，以便总结经验，改进工作。

（三）鱼种出池或并塘越冬

秋末冬初，水温降至 10℃以下，鱼的摄食量大大减少。为了便于翌年放养和出售，这时便可将鱼种捕捞出塘，按种类、规格分别集中蓄养在池水较深的池塘内越冬（可用鱼筛分开不同规格）。

在长流流域一带，鱼种并塘越冬的方法是，在并塘前1周左右停止投饲，选天气晴朗的日子拉网出塘。因冬季水温较低，鱼不太活动，所以不要像夏花出塘时那样进行拉网锻炼。出塘后经过鱼筛分类、分规格和计数后即行并塘蓄养，群众习惯叫"囤塘"。并塘时拉网操作要细致，以免碰伤鱼体和在越冬期间发生水霉病。蓄养塘面积为 $1\,333\sim2\,000\,m^2$，水深 2m 以上，向阳背风，少淤泥。鱼种规格为 10～13cm，每 $667\,m^2$ 可放养 5 万～6 万尾。并塘池在冬季仍必须加强管理，适当施放一些肥料，晴天中午较暖和，可少量投饲，并严防水鸟危害。并塘越冬，不仅有保膘增强鱼种体质及提高成活率的作用，而且还能略有增产。

为了减少操作麻烦，利于成鱼和 2 龄鱼池提早放养，减少损失，提早开食，延长生长期，有些渔场取消了并塘越冬阶段，采取 1 龄鱼种出塘后随即有计划地放入成鱼池或 2 龄鱼种池。

(四) 鉴别鱼种质量

优质鱼种必须具备以下几项条件：

(1) 同池同种鱼种规格均匀。

(2) 体质健壮，背部肌肉肥厚，尾柄肉质肥满。

(3) 体表光滑，无病无伤，鳞片、鳍条完整无损。

(4) 体色鲜艳有光泽。

(5) 游泳活泼，溯水性强，在密集时头向下、尾向上不断扇动。

(6) 生产上也可用鱼种体长与体重之比，来判断质量好坏。

具体做法是：抽样检查，称取规格相似的鱼种 500g 计算尾数，然后对照优质鱼种规格鉴别表（表 3-11），每千克鱼种所称尾数等于或少于标准尾数，为优质鱼种；反之，则为劣质鱼种。

表 3-11　优质鱼种规格鉴别

(引自戈贤平，《池塘养鱼》，2009)

鲢		鳙		草鱼		青鱼		鲂	
规格 (cm)	尾/kg	规格 (cm)	尾/kg	规格 (cm)	尾/kg	规格 (cm)	尾/kg	规格 (cm)	尾/kg
16.67	22	16.67	20	19.67	11.6	14.00	32	13.33	40
16.33	24	16.33	22	19.33	12.2	13.67	40	13.00	42
16.00	26	16.00	24	19.00	12.6	13.33	50	12.67	46
15.67	28	15.67	26	17.67	16	13.00	58	12.33	58
15.33	30	15.33	28	17.33	18	12.00	64	12.00	70
15.00	32	15.00	30	16.33	22	11.67	66	11.67	76
14.67	34	14.67	32	15.00	30	10.67	92	11.33	82
14.33	36	14.33	34	14.67	32	10.33	96	11.00	88
14.00	38	14.00	36	14.33	34	10.00	104	10.67	96
13.67	40	13.67	38	14.00	36	9.67	112	10.33	106
13.33	44	13.33	42	13.67	40	9.33	120	10.00	120
13.00	48	13.00	44	13.33	48	9.00	130	9.67	130
12.67	54	12.67	46	13.00	52	8.67	142	9.33	142
12.33	60	12.33	52	12.67	58	8.33	150	9.00	168

鲢		鳙		草鱼		青鱼		鳊	
规格（cm）	尾/kg	规格（cm）	尾/kg	规格（cm）	尾/kg	规格（cm）	尾/kg	规格（cm）	尾/kg
12.00	64	12.00	58	12.33	60	8.00	156	8.67	228
11.67	70	11.67	64	12.00	66	7.67	170	8.33	238
11.33	74	11.33	70	11.67	70	7.33	188	8.00	244
11.00	82	11.00	76	11.33	80	7.00	200	7.67	256
10.67	88	10.67	82	11.00	84	6.67	210	7.33	288
10.33	96	10.33	92	10.67	92			7.00	320
10.00	104	10.00	98	10.33	100			6.67	350
9.67	110	9.67	104	10.00	108				
9.33	116	9.33	110	9.67	112				
9.00	124	9.00	118	9.33	124				
8.67	136	8.67	130	9.00	134				
8.33	150	8.33	144	8.67	144				
8.00	160	8.00	154	8.33	152				
7.67	172	7.67	166	8.00	160				
7.33	190	7.33	184	7.67	170				
7.00	204	7.00	200	7.33	190				
6.67	240	6.67	230	7.00	200				

二、2龄鱼种培育

2龄鱼种的培育，就是将1龄鱼种继续饲养1年，青鱼、草鱼长到500g左右、团头鲂长到50g左右的过程，是从鱼种培育转向食用鱼饲养的过渡阶段。在这个阶段中，它们的食性由窄到广、由细到粗，食量由小到大，绝对增重快，而病害较多，特别是2龄青鱼。因此，2龄鱼种的饲养比较困难。

随着养殖技术水平的提高，饲料供应充足和饲料配方的更加科学化，在我国南方地区，草鱼基本上在第2年即可达到食用鱼规格，北方地区因生长期明显低于南方地区，草鱼要进行2龄鱼种的培育。

2龄鱼种的培育是，前承1龄鱼种的培育，后接食用鱼的饲养，因此在饲养管理方面可参照上述两种培育方式进行。这里介绍几种常见的、先进的2龄鱼种的放养及收获模式（表3-12、表3-13）。

表3-12　2龄青鱼培育放养模式

放养鱼类	放养		成活率（%）	收获	
	规格（cm）	每667m²，尾		规格（kg/尾）	产量（每667m²，kg）
1龄青鱼	10～13	700	70	0.3	175
草鱼	7～10	150	70	0.3～0.5	45
团头鲂	8～10	220	90	0.2～0.25	45
鲢	13	250	90	0.55	125
鳙	13	40	90	0.75	25
鲤	3	500	60	0.5	150
合计					565

表 3-13　2 龄草鱼放养模式

放养鱼类	放养			成活率（%）	收获		
	规格（cm）	每 667m², 尾	每 667m², kg		规格（g）	每 667m², 尾	每 667m², kg
草鱼	50g	800	40	80	300	640	192
青鱼	165g	10	1.65	100	750	10	7.5
团头鲂	12	200	2.65	95	165	190	31.35
鲤	3	300	0.15	60	175	180	31.5
鲢	250g	120	30	100	500	120	60
鳙	125g	30	3.75	100	500	30	15
夏花鲢	3	800	0.4	95	100	760	76
鲫	3	600	0.4	60	125	360	45
合计		2 860	79			2 290	458.35

 实　训

实训项目　大宗淡水鱼鱼苗培育

1. 实训时间　1 周。可以同人工繁育实训进行有机结合，两个内容交替进行，以延长实训有效时间。安排在每年的 4~6 月进行。

2. 实训地点　苗种繁育场。

3. 实训目的

（1）了解鱼苗培育过程和日常管理内容。

（2）掌握鱼苗池清整技术，掌握鱼苗池轮虫、枝角类的培育方法。

（3）掌握鱼苗下塘技术、投饲技术及拉网锻炼和过筛操作要点。

（4）能正确识别主要养殖鱼类的水花鱼苗和夏花鱼种，并判定其质量优劣。

4. 实训内容与要求

（1）鉴别主要养殖鱼类鱼苗和夏花鱼种的种类、质量鉴别。

（2）池塘清整。进行鱼苗池整修，并根据鱼苗下塘时间和鱼池现状合理选用清塘药物，确定清塘药物量并进行药物清塘，判定清塘效果。

（3）轮虫和枝角类培养。正确掌握施肥时间；掌握促使轮虫大量繁殖的措施（搅动底泥、引种、施基肥和追肥、杀灭大型浮游动物）；枝角类的培养。

（4）水质检测。测定鱼苗池溶解氧、pH、氨氮、亚硝酸盐。

（5）投饲技术。熟练磨制豆浆，正确泼洒；根据鱼苗生长规格，适时追肥和调整饲料种类；掌握摄食驯化技术操作要点。

（6）拉网锻炼与过筛。熟练掌握拉网锻炼的操作方法；掌握夏花鱼种过筛方法。

（7）鱼苗的计数。采用杯量法和称量法，准确计数水花鱼苗和夏花鱼种。

5. 实训总结　主要养殖鱼类苗种培育实训总结 1 份。

综合测试

1. 解释下列概念　适时下塘　混合营养阶段　下塘率　夏花鱼种
2. 选择题
(1) 一般养成1万尾夏花需黄豆（　　）kg。

　　A. 2~3　　　　　　　B. 10~12　　　　　　C. 7~8.5　　　　　D. 5~5.5

(2) 肥料为主、精料为辅鱼苗饲养法应施（　　）

　　A. 有机肥　　　　　B. 化肥　　　　　　　C. 绿肥　　　　　　D. 各种肥均可

(3) 鱼种培育一般采用（　　）。

　　A. 单养　　　　　　B. 2~3种混养　　　　C. 多种混养　　　　D. 多种套养

(4) 优质夏花鱼种（　　）。

　　A. 头大背狭　　　　B. 头大背厚　　　　　C. 头小背厚　　　　D. 头小背狭

(5) 鱼种投饲量应看（　　）。

　　A. 天　　　　　　　B. 水　　　　　　　　C. 鱼　　　　　　　D. 天、水、鱼

(6) 运输鱼苗当肉眼可见（　　）时即可起运。

　　A. 腰点出齐　　　　B. 体色变为黑色　　　C. 体色变淡　　　　D. 破膜

(7) 为保证越冬成活率鱼种规格应达（　　）cm以上。

　　A. 10　　　　　　　B. 8　　　　　　　　C. 5　　　　　　　　D. 3

(8) 大规格鱼种一般是指全长达到（　　）cm的鱼种。

　　A. 3.3　　　　　　　B. 5　　　　　　　　C. 10　　　　　　　D. 13.3~16.6

(9) 胚胎期结束后的阶段称为（　　）期。

　　A. 仔鱼　　　　　　B. 稚鱼　　　　　　　C. 幼鱼　　　　　　D. 成鱼

(10) 鱼苗池水深一般（　　）。

　　A. 大于3m　　　　　B. 2m左右　　　　　C. 1m左右　　　　　D. 0.5m

(11) 刚下塘的鱼苗一般（　　）

　　A. 分布于深水区　　B. 分布于水边　　　　C. 均匀分布　　　　D. 无规律分布

(12) 鱼苗最适的开口天然饵料为（　　）。

　　A. 轮虫　　　　　　B. 桡足类　　　　　　C. 枝角类　　　　　D. 浮游植物

(13) 肥料为主、精料为辅鱼苗饲养法一般每667m²施有机肥（　　）kg。

　　A. 100~150　　　　　B. 200~300　　　　　C. 400　　　　　　D. 500

(14) 鱼苗的放养密度一般为每667m²（　　）万尾左右。

　　A. 100　　　　　　　B. 10　　　　　　　　C. 50　　　　　　　D. 5

(15) 夏花放养密度视养殖条件和出池规格而定，一般在每667m²（　　）尾。

　　A. 500~800　　　　　B. 8 000~10 000　　　C. 10万　　　　　　D. 5万

(16) 鱼种拉网锻炼的时间长短应看（　　）。

　　A. 鱼的活动情况　　B. 水深　　　　　　　C. 鱼的大小　　　　D. 鱼的种类

(17) 1kg豆饼可磨成（　　）kg豆浆。

A. 5~10　　　　　B. 15~20　　　　　C. 20~24　　　　　D. 30~34

(18) 鱼苗培育过程中最主要的水质管理措施为（　　）。

    A. 注水　　　　　B. 开增氧机　　　　C. 泼生石灰　　　　D. 循环水

(19) 较好的鱼种混养搭配是（　　）。

    A. 鲢与鳙　　　　B. 草鱼与青鱼　　　C. 草鱼、鲢、鲤　　D. 鲤、鳙

(20) 夏花的放养密度主要由（　　）来定。

    A. 技术水平　　　B. 水深　　　　　C. 养成规格　　　　D. 饵料供应

(21) 一般每（　　）尾鱼种设饵料点1个。

    A. 1 000~2 000　B. 3 000~4 000　C. 5 000~8 000　D. 10 000

(22) 鱼苗拉网速度与鱼种比应（　　）。

    A. 相同　　　　　B. 快　　　　　　C. 慢　　　　　　D. 快慢均可

(23) 离水后水花鱼苗头尾弯成圆形说明（　　）。

    A. 体质弱　　　　B. 体质好　　　　C. 骨软缺钙　　　　D. 苗太嫩

(24) 鱼苗患气泡病的原因是（　　）。

    A. 溶解氧过饱和　B. 水温过高　　　C. pH 过高　　　　D. H_2S

(25) 鱼苗适时下塘就是先培育出足量的（　　）供鱼苗开口摄食。

    A. 枝角类　　　　B. 浮游植物　　　C. 轮虫　　　　　D. 原生动物

(26) 肥料为主、精料为辅鱼苗饲养法要求鱼苗下塘前（　　）天施基肥。

    A. 1~2　　　　　B. 3~5　　　　　C. 7~8　　　　　D. 10

(27) 关于家鱼出苗的时间，以下说法正确的是（　　）。

    A. 鱼苗破膜后即可出苗

    B. 团头鲂苗要坚持老苗下塘

    C. 当鱼苗的鳔充气前应马上出池

    D. 当鱼苗的鳔已充气、能顶水平游和主动摄食后即可出池

(28) 劣质鱼苗一般（　　）。

    A. 顺水游泳、挣扎有力　　　　　B. 逆水游泳、挣扎有力

    C. 顺利游泳、挣扎无力　　　　　D. 顺水游泳、挣扎无力

(29) 鱼种越冬期间水体检测指标中最重要的是（　　）。

    A. 透明度　　　　B. 水色　　　　　C. 溶解氧　　　　D. 有机物

(30) 经长途运输的鱼苗下塘前首先要（　　）。

    A. 缓苗　　　　　B. 立即放苗　　　C. 消毒　　　　　D. 暂养

3. 判断题

(1) 鱼苗适时下塘是指鳔出齐后就要下塘培育。（　　）

(2) 夏花培育阶段一般是单养。（　　）

(3) 天然饵料培育夏花的效果不如人工投喂效果好。（　　）

(4) 全长小于1.7cm的仔鱼均可称为鱼苗。（　　）

(5) 鱼苗拉网锻炼时，在密集刺激下鱼种分泌大量黏液、排出粪便，处于一种应激状况。（　　）

（6）并塘越冬前鱼种应进行拉网锻炼。（　　）

（7）清水下塘由于是人工投喂充足饵料，所以鱼苗的成活率比较高。（　　）

（8）苗种池越小管理越方便，所以越小越好。（　　）

（9）鱼苗池注水一次注足。（　　）

（10）以青鱼为主的鱼种池一般不混养草鱼。（　　）

4. 问答题

（1）夏花培育如何进行拉网锻炼？简述拉网锻炼操作要点。

（2）如何做到适时下塘？

（3）如何提高鱼苗培育成活率？

（4）决定夏花鱼种放养密度的因素有哪些？

模块四　食用鱼饲养

池塘食用鱼饲养是指利用经过整理或人工开挖面积较小（6.7hm² 以内）的静水水体将鱼种养成食用鱼的生产过程。由于管理方便环境较容易控制，生产过程能全面掌握。故可进行高密度精养，获得高产、优质、低耗、高效的结果。

我国的池塘养鱼有悠久的历史和丰富的生产经验，具有投资少、效益好的特点，而且能消除生物污染，适合我国国情。池塘养鱼总产量占全国淡水养鱼总产量的 70％以上，是我国淡水饲养食用鱼的主要方式。

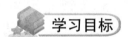

　　理解"水、种、饵、密、混、轮、防、管"的具体内容和相互关系；了解我国各地池塘食用鱼高效养殖模式；掌握池塘食用鱼饲养放养和收获模式的制订方法；掌握池塘食用鱼饲养的投饲技术和水质管理技术；掌握池塘管理的常规方法。

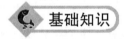

一、影响池塘食用鱼产量的因素

池塘鱼产量是指在一定的时间（多为 1 年）内，池塘的单位面积或体积中，某种鱼或某些鱼所增长的重量。在一般的生产管理中，计算鱼产量的方法是从单位面积（或体积）收获鱼产品的重量（毛产量）中，减去单位面积（或体积）鱼种放养量。池塘养殖中，死掉和被敌害吃掉的那部分增长重量，也是池塘鱼产量的一部分，总称为实际鱼产量。而收获时实际得到的增重量，相应的称为有效鱼产量（净产量）。影响池塘鱼产量有多种因素，主要有当地气候条件、池塘条件、所养鱼的生产性能、饲料与肥料的供应和养鱼的方式和技术等。

（一）当地气候条件

气候条件由温度、太阳辐射、日照时间、大气压、雨水、风等自然因素组成，错综复杂的交互作用所形成，气候对生物起着重要的作用，不仅表现为直接影响，其间接作用也是多方面的。在池塘中，对鱼产量影响比较重要的因素，主要是生长期和生长期中的日照时数。

1. 鱼类生长期　鱼类摄食较强，能够增长重量的时间称作生长期。一般温水性鱼类在水温 10℃以上就开始增长重量，但在生产上有实际意义较显著的生长则在 15℃以上，所以，生长期有两个划分标准，即 10℃以上的生长期和 15℃以上的生长期。在生长期内，鱼类的生长随着水温的变化而变动。在20~28℃生长最快，所以特称为强度生长期；而水温超过30℃，鱼类长急剧减慢甚至停止，所以在计算生长期时要把这样的天数扣除。为了较确切地反映生长期内温度对鱼类生长影响的状况，人们常使用"生长期内累计水温"指标，累计水温是生长期内各天（水温15~30℃）平均水温的总和。

生长期和生长期内水温的重要性，不仅表现于鱼的直接影响上，而且也表现在对池塘中天然饵料的影响上。

2. 日照时数　某段时间内太阳照射地面的总时数。日照时数的长短，受所在纬度、季节、地形和天空状况等因素影响。我国华南地区年平均日照时数多数在1 500~2 000h，长江流域平均在2 000h以下，华北约为2 500h，西北达3 000h。

太阳光能是池塘水体中有机物质生产的基本能源。在同样的一段时间内，日照时间越长，池塘中天然饵料的产量越高，天然鱼产量也越高。此外，日照时数也通过光合作用影响到静水池塘中的氧气状况，最终影响到鱼类的生长和池塘鱼产量。

我国北方地区由于夏季白昼时间较南方长，生长期内的日照时数比南方多，使高纬度地区的生长期短的不足得到一定的弥补。在夏季的3个月中，长江流域及其以南地区日照时数为500~700h；华北和东北地区的日照时数为700h；西北地区日照时数可达800h以上。

（二）池塘条件

池塘的水质、水量、底质和形态等，对鱼产量有重要的影响。在一般的静水池塘中，池塘的面积、深度和形状，会影响到鱼群活动空间的大小、池水垂直混合的难易、溶解氧状况以及水体内物质循环的快慢，因而，与鱼产量有着密切的关系。实践证明，在一定范围内，池塘水深与鱼产量成正比关系。通常，每公顷净产3 750kg，水深需1.5~2m；6 000~7 500kg，水深需2.5m；11 250kg，水深需2.5~3m。

（三）饲料与肥料的供应

饲料与肥料是养鱼的物质基础。池塘鱼产量的高低，主要取决于饲料的数量和质量；而饲料的种类、加工方法及投饲技术，又决定着养鱼的成本和生产效益。在精养鱼池，饲料的费用可占到养鱼成本的50%~70%。施肥既是提高水体饵料量的主要手段，又是调节池塘水质的重要措施。所以，饲料与肥料的供应情况直接影响到鱼的生长和鱼产量。

（四）所养鱼的生产性能

主要是指鱼的生长速度、食性及饲料转化率等性状。鱼的种类不同，生产性能也存在一定的差异。因此，在同样的池塘养殖不同种类的鱼，产量差别很大。

（五）养鱼的方式和技术

这是决定鱼产量高低的人为因素。同一个池塘，饲养同种鱼类，如果养殖方式不同，鱼产量可能相差很大。一般的静水池塘，普通的集约化养殖产量比粗放养殖产量高10倍以上。同一种养殖方式，采取不同措施和养殖技术水平不同，鱼产量相差也很大。一些现代的养殖新技术、新方法、新工艺的采用，鱼类增产效果很显著。如同样的静水池塘养殖鲤，在投喂颗粒饲料并配增氧机，产量可达20t/hm²，比一般精养池塘提高5倍多。这些都说明养殖方式与技术对鱼产量的影响是很大的。

二、养殖周期

养殖周期（或称养鱼周期），是指饲养鱼类从鱼苗养成食用鱼所需要的时间。养殖周期的长短主要根据饲养鱼类在各个阶段的生长速度、市场需要、放养密度、气候条件、饵料肥料的丰歉与质量、饲养技术水平与经济效益等因素决定的。要求在一定的时间内能获得量多、质优、经济效益好的食用鱼。养殖周期长，可生产大规格的食用鱼，节约鱼种，但管理费用增加，资金和池塘周转率低，成本增加。养殖周期过短，食用鱼的出塘规格小，食用价值低，鱼种消耗大。因此，应根据不同的饲养对象确定较合适的养殖周期。

我国的淡水养鱼业，养殖周期一般为 1～3 年。在长江流域，池塘养鱼业大多采用 2 年或 3 年的养殖周期。其中，鲢、鳙、鲤、鲫为 2 年；草鱼、团头鲂为 2 年或 3 年；青鱼为 3 年或 4 年。珠江流域平均气温比长江流域高，鱼类的生长期长，在池塘中各种鱼类的养殖周期比长江流域短 0.5～1 年；反之，东北地区平均气温比长江流域低，鱼类的生长期短，在池塘中各种鱼类的养殖周期比长江流域长 0.5～1 年。

三、"八字精养法"概述

1958 年，我国池塘养鱼工作者将复杂的精养鱼池生态系统进行简化和提炼，形成"水、种、饵、密、混、轮、防、管"8 个要素的"概念模型"，简称"八字精养法"。

(一)"八字精养法"的主要内容

"水"：养鱼的环境条件，包括水源、水质、水量、池塘面积和水深、周围环境等，必须符合鱼类生活和生长的要求，且对鱼的品质没有负面影响。

"种"：具有生产性能好和经济价值高的品种，数量充足、规格合适、体质健壮的优良鱼种。

"饵"：养殖对象要有数量充足、营养全面且不对鱼肉品质产生负面影响的适口饵料供应，包括池塘施肥培育天然饵料生物和合理使用配合饲料等。

"密"：合理密养，鱼种放养密度维持在比较合理的高水平。

"混"：不同种类、不同年龄和规格的鱼类，在同一池塘中同时养殖。

"轮"：轮捕轮放，在饲养过程中始终保持池塘中鱼类较高且合理的密度，鱼产品均衡上市。

"防"：主要指及时做好鱼类的病害防治工作。

"管"：精细、科学的池塘管理措施。

(二)"八字精养法"之间的关系

"水、种、饵、密、混、轮、防、管"从各个方面反映了养鱼生产各个环节，构成了食用鱼饲养综合技术措施的主要内容。各要素之间形成了相互联系、相互依赖、相互制约的辩证关系。

"水"是鱼的生活条件，又是生产的场所；"种"是养鱼的对象；"饵"是养鱼的物质条件。"水""种""饵"是养鱼的 3 个基本要素，也是池塘养鱼的物质基础。一切养鱼技术措施，都是根据"水、种、饵"的具体条件来确定的。三者密切联系，相互制约。水质既决定着养殖种类，又影响鱼类的生长、繁殖；鱼的种类、数量决定着饵料的种类并影响水质；饵料和肥料则决定着鱼类的生长并影响水质。正确处理三者之间关系是高产稳产的基础。

"密"和"混"根据"水""种""饵"的具体条件，正确运用了各种鱼类之间的相互关系，发挥其相互有利的一面，尽可能限制或缩小其矛盾的不利一面，充分利用池塘水体和饵料，发挥各种鱼类的群体生产潜力，达到高产、高效。

"轮"是在"混"和"密"的基础上，使池塘在整个养殖过程中始终保持合理的密度，进一步延长池塘的利用时间和扩大了池塘的利用空间，不仅使混养种类、规格进一步增加，而且充分发挥了水体的生产潜力，并做到了鱼产品均衡上市，保证市场常年供应，提高了经济效益，这是"混""密"技术运用的高级阶段。总之，"混""密""轮"是池塘养鱼高产、高效的主要技术措施。

"防"和"管"综合运用了"水""种""饵"池塘养鱼的物质基础和实施"密""混""轮"等先进技术措施，是池塘养鱼高产、高效的根本保证。

"八字精养法"理论正在指导池塘养鱼生产，并在实践中不断得到充实，进一步提高池塘养鱼的理论水平，建立高产、优质、高效的养鱼技术体系（图4-1）。

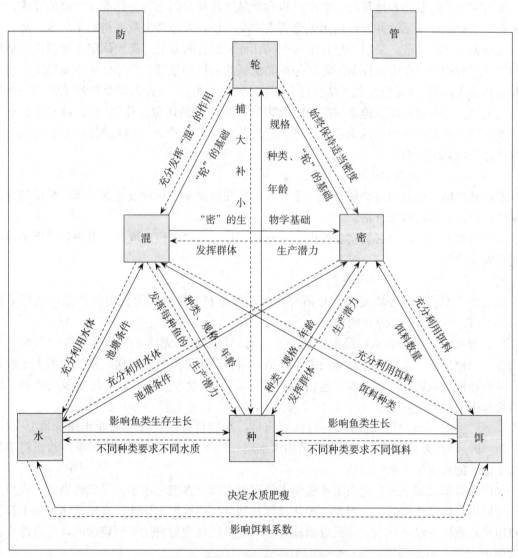

图 4-1 "八字精养法"内在关系图示

（引自赵子明，《池塘养鱼》，2007）

四、食用鱼无公害养殖基本要求

随着社会的发展，人民群众的生活水平不断提高，水产品消费转向安全、卫生、营养保健的水产品。无公害化、卫生与安全的水产品消费，将成为渔业发展的主线。无公害水产品符合人们在水产品消费上，从满足数量的低水平需求向追求高质量的高水平需求的转变，也是传统渔业向现代渔业过渡的必由之路。

农业部于1990年提出并实施了开发绿色水产，生产无公害水产品。2001年，在中央提出发展高产、优质、高效、生态、安全农业的背景下，农业部提出了无公害农产品的概念，并组织实施"无公害食品行动计划"，各地自行制定标准开展了当地的无公害农产品认证。

（一）无公害水产品的概念

无公害水产品是指产地环境、生产过程和产品质量符合国家有关标准和规范的要求，经认证合格获得认证证书，并允许使用无公害农产品标识，未经加工或者初加工的水产品。

无公害水产品认证，采取产地认定与产品认证相结合的方式。产地认定主要解决产地环境和生产过程中的质量安全控制问题，是产品认证的前提和基础；产品认证主要解决产品安全和市场准入问题。《无公害农产品管理办法》（2002）规定："省级农业行政主管部门根据本办法的规定，负责组织实施本辖区内无公害农产品产地的认定工作"。省、自治区、直辖市农业行政主管部门组织完成无公害农产品产地认定（包括产地环境监测），并颁发《无公害农产品产地认定证书》。

（二）鱼苗、鱼种质量标准

水产种苗的生产及引进必须符合《中华人民共和国渔业法》和农业部《水产种苗管理办法》的规定，并经过检疫合格。

水产苗种的进、出口必须实施检疫，防止病害传入境内和传出境外。引进转基因苗种必须进行安全评价。

（三）无公害水产品产地环境要求

无公害水产品产地环境要求，必须符合《农产品安全质量　无公害水产品产地环境要求》（GB/T 18407.4—2001）的规定。

1. 产地要求　无公害水产品的产地应是生态环境良好，无或不直接受工业"三废"及农副业、城镇生活、医疗废弃物污染的水（地）域。养殖区域及上风向、灌溉水源上游没有对产品地环境构成威胁的污染源（包括工业"三废"、农业废弃物、医疗污水及废弃物、城市垃圾和生活污水等）。

2. 水质要求　水产养殖用水应当水源充足，水质良好，符合《渔业水质标准》（GB 11607—89）和《无公害食品　淡水养殖用水水质》（NY 5051—2001）等标准，禁止将不符合水质标准的水源用于水产养殖。

水产养殖单位和个人，应当定期监测养殖用水水质。养殖用水水源受到污染时，应当立即停止使用；确需使用的，应当经过净化处理达到养殖用水水质标准。养殖水体水质不符合养殖用水水质标准时，应当立即采取措施进行处理。经处理后仍达不到要求的，应当停止养殖活动。

养殖用水不得使鱼、虾、贝、藻类带有异色、异臭、异味，大肠杆菌、重金属、有机农药、石油类等有毒、有害物质，必须符合《无公害食品　淡水养殖用水水质》（NY 5051—2001）规定；水面不得出现明显油膜或浮沫等漂浮物质；人为增加的悬浮物质量不得超过10mg/L，而悬浮物质沉积底部后，不得对鱼、虾、贝、藻类产生有害的影响。淡水的pH为6.5～8.5。溶解氧要求，连续24h中，16h以上必须大于5mg/L，其他任何时候不得低于 3mg/L。

3. 底质 池塘的底质无工业废弃物和生活垃圾，无大型植物碎屑和动物尸体；底质无异色、异臭，自然结构；底质有害有毒物质最高限量应符合相关规定。

（四）渔用饲料与肥料

渔用饲料必须符合《无公害食品 渔用配合饲料安全限量》（NY 5072—2002）的要求。不得选用国家规定禁止使用的药物或添加剂，也不得在饲料中添加抗菌药物。鼓励使用配合饲料，限制直接投喂冰鱼（冻）饵料，防止残饵污染水质。

（五）渔用药物

1. 渔用药物术语和定义 用以预防、控制和治疗水产动、植物的病、虫、害，促进养殖品种健康生长，增强机体抗病能力以及改善养殖水体质量的一切物质，简称渔药。

2. 渔用药物使用基本原则

（1）渔用药物的使用，应以不危害人类健康和不破坏水域生态环境为基本原则。

（2）水生动植物增养殖过程中对病虫害的防治，坚持"以防为主，防治结合"。

（3）渔药的使用应严格遵循国家和有关部门的有关规定，严禁生产、销售和使用未经取得生产许可证、批准文号与没有生产执行标准的渔药。

（4）积极鼓励研制、生产和使用"三效"（高效、速效、长效），"三小"（毒性小、副作用小、用量小）的渔药，提倡使用水产专用渔药、生物源渔药和渔用生物制品。

（5）病害发生时应对症用药，防止滥用渔药与盲目增大用药量，或增加用药次数，延长用药时间。

（6）食用鱼上市前，应有相应的休药期。休药期的长短，应确保上市水产品的药物残留限量符合 NY—5070 要求。

（7）水产饲料中药物的添加应符合 NY—5072 要求，不得选用国家规定禁止使用的药物或添加剂，也不得在饲料中长期添加抗菌药物。

（六）生产管理

生产过程符合无公害水产品生产技术的标准要求；有相应的专业技术和管理人员；有完善的质量控制措施，并有完整的生产和销售记录档案。

食用鱼饲养中，应认真做好养殖记录，使用药物后应填写用药记录，内容应符合中华人民共和国农业部令（2003）第［31］号《水产养殖安全质量管理规定》的要求。《水产养殖安全质量管理规定》规定："水产养殖单位和个人应当填写《水产养殖生产记录》，记载养殖种类、苗种来源及生长情况、饲料来源及投喂情况、水质变化等内容"。和"水产养殖单位和个人应当填写《水产养殖用药记录》，记载病害发生情况，主要症状，用药名称、时间、用量等内容。"

岗位技能

一、放养收获模式的制订

（一）鱼种的放养密度

放养密度，是指在一个养殖周期内单位面积或体积的水体中投放鱼的数量或重量。在一定的范围内，水源水质条件良好，饵料充足，管理得当，放养密度越大，产量越高。因此，合理的放养密度是池塘养鱼高产的重要措施之一。

1. 合理放养密度的意义 合理的放养密度，是指在能养成商品规格的食用鱼或能达到预期规格鱼种的前提下，可以达到最高鱼产量的放养密度。合理的放养密度，对保证鱼产品规格、提高鱼产量和经济效益具有重要的意义。

（1）合理的放养密度，可以保证养殖产品的规格。在同样的池塘条件和养鱼技术措施下，放养密度与养成品的规格常成反比关系。在一个养殖周期内，放养密度越大，养成的规格越小。池塘养鱼要养成一定数量的规格合适的鱼产品，必须确定合理的放养密度，才能保证养殖品种的规格。

（2）合理的放养密度，可以提高池塘鱼产量。放养密度和池塘鱼产量在一定的范围内呈正相关，鱼产量随着放养密度增加而增加，但鱼产量达到一定的值后，放养密度再增加，鱼产量的增加变缓。池塘鱼产量是在一定的养殖周期内鱼群的净增重量，由收获的鱼的数量与每尾的重量所决定的，合理的放养密度可以提高池塘的鱼产量。

（3）合理的放养密度，可以提高经济效益，降低成本。放养密度过大时，鱼种的增重倍数下降，饵料系数上升，使养殖成本提高。因此，合理的放养密度可以降低成本，从而提高池塘养鱼的经济效益。

2. 决定放养密度的因素 放养密度的确定，主要根据池塘条件、鱼种的种类与规格、出池规格、饵料与肥料的供应情况、管理水平及根据上年的饲养经验等情况来决定。

（1）池塘条件。有良好水源的池塘，可适当增加鱼种放养密度；如果水源条件不好，要减少放养密度。水较深（2.0～3.0m）的池塘放养密度，可大于较浅（1.0～1.5m）池塘。

（2）鱼种的种类与规格。混养多种鱼类的池塘，放养量可大于单一种鱼类或混养种类较少的鱼池。不同种类和不同规格的鱼种，其生态的特点不同，生长性能也存在很大的差异。在适当混养时，由于不同栖息习性的鱼种较为均匀分布于各水层，充分地利用了水体，放养密度可适当增大；如果种类、规格单一，或几种栖息习性基本相同时，则栖息场所相对集中，放养密度应减小。规格大的鱼种比规格小的鱼种的增重率小，因此，以重量计的放养密度要稍高；但以尾数计时，则要低些。生长速度快和耗氧率高的鱼种，放养密度相应减少；反之，放养密度相应增加。

（3）饵料与肥料的供应情况。池塘中的天然饵料数量较少，池塘鱼产量的提高主要依靠人工投饵和施肥。饵料、肥料供应充足，放养密度可适当增加，否则，放养密度应相应减少。如果鱼种放养密度大而饵料、肥料供应量不足，鱼种所吃的食物用于维持性消耗增大，增重效率降低，鱼产量反而低于放养密度低的鱼产量。主养鲢、鳙的池塘，池塘水质肥沃的可适当大一些；反之，其密度则要小一些。若能确保在全年养殖生产中所需的饵料供应量，投放量可大些。

（4）饲养管理措施。饲养管理工作精心与否及管理水平的高低，直接影响鱼的产量。养鱼经验丰富、管理精细，技术水平较高，管理认真负责，放养密度可适当加大。养鱼设备条件好，如能经常开增氧机和改良水质，则可适当增加放养密度。实施轮捕轮放的养鱼方式，放养密度可相应加大。

（5）历年的饲养效果。历年的放养和养成效果，是决定放养密度的重要依据。通过对历年各类鱼的放养量、产量、出塘时间、规格等技术参数的分析评估，如鱼类生长良好、饵料系数不高于一般水平、高温季节鱼类的浮头和鱼病等都较正常，说明放养密度较适宜或可适当增加。否则，表明放养过密，放养密度应适当调整。如食用鱼出塘规格过大，单位面积产量低，总体效益低，表明放养密度过小，必须适当增加放养密度。

但是，鱼种投放的稀与密是相对而言的。在养殖生产中的总原则，就是要达到增产增收的目的。在历年的池塘条件下的放养密度合适，但通过对池塘条件改善、增加饵肥投放量和养殖技术的提高等有效措施，历年的放养量就会感觉到比较稀松。因此，在实际养殖生产中，必须根据养殖的具体情况，不断地调整鱼类的放养密度，力求真正做到合理放养。

3. 放养密度的计算 放养密度大小，是影响池塘食用鱼饲养效果的重要因素之一。放养密度的计算方法有多种，主要是根据池塘计划鱼产量、计划养成规格、苗种规格、成活率、生长速度以及池塘条件（如大小、水深、水质肥瘦程度等）等因素来灵活决定。

计算某种鱼的放养密度，根据该种鱼的单位面积毛产量（P）和该种鱼的养成规格（W）以及该种鱼的养殖成活率（k）进行计算。为保证出池时存塘鱼的数量，可适当增加5%作为保证值。池塘放养密度的计算方法可以采用下式计算：

$$X = \frac{P}{W \cdot k}$$

式中：X 为每公顷放养尾数；P 为收获时期望的总重量（kg/hm^2）；k 为成活率（%）；W 为收获时预期的鱼平均体重（kg/尾）。

例如，在池塘以草鱼为主养鱼的多种鱼类混养中，草鱼的毛产量为 6 000 kg/hm^2，草鱼的养成规格为 2 kg/尾，养殖成活率为 95%，则每公顷草鱼的放养量 X（尾）：

$$X = \frac{6\ 000}{2 \times 0.95} = 3\ 158（尾）$$

增加5%作为保证值：

$$3\ 158 \times （1+5\%）= 3\ 315.9（尾）$$

因此，每公顷应放养草鱼3 316尾。

（二）混养模式

混养，是指在同一池塘中同时饲养不同种类、不同年龄和不同规格的鱼。混养是根据鱼类的生物学特性（栖息习性、食性、生活习性等），充分运用不同鱼类之间相互有利的一面，尽可能地限制和缩小它们有矛盾的一面，让不同种类和同种不同年龄鱼类在同一空间和时间内一起生活，从而发挥"水""种""饵"的生产潜力，是我国池塘养鱼的重要特色。

1. 混养的生物学意义

（1）混养可以合理地利用水体空间。我国主要养殖鱼类的栖息水层是不同的。鲢、鳙栖息在水体上层，草鱼、团头鲂喜欢在水体的中下层活动，青鱼、鲤、鲮等栖息在水的下层。将这些鱼类混养在一起，每个水层都有鱼类活动，形成"水体如高楼，层层有鱼游"，充分地利用水体空间。

（2）混养可以充分利用池塘的饵料资源。池塘水体中有浮游生物、底栖动物、水生植物和有机碎屑等天然饵料，混养多种不同食性鱼类，可以有效地利用水体中的天然饵料资源。

不同种类、不同规格的鱼，可以摄食颗粒大小不同的饵料。在投喂任何饵料时，都不可避免地会有一些破碎小颗粒饵料落入水中，当混养多种鱼类时，就可能被摄食，提高人工饵料的利用率。

（3）混养能发挥养殖鱼类之间的互利作用。各种鱼对水质要求是不同的，鲢、鳙等喜欢肥水，而青鱼、草鱼喜欢清水。在放养青鱼、草鱼的池中，搭配鲢、鳙，通过摄食腐屑和滤食浮游生物起到了防止水质过肥，给喜欢清水的"吃食鱼"创造了良好的生活条件。青鱼、草鱼等"吃食鱼"，它们的残饵和粪便培肥水，为鲢、鳙等"滤食鱼"提供了良好的饵料条件。这样既提高了饵料的利用率，又发挥了它们之间的互利作用，促进了鱼类的生长。渔谚中的"一草养三鲢"，充分说明了这种混养的生物学意义。

（4）混养能利用鱼类之间的制约关系，控制小型鱼类。池塘内小型杂鱼的不断繁殖会消耗水体中氧气和饵料，并占据水体空间，不利于鱼产量的提高。有些饲养鱼类（如鲫和罗非鱼）在饲养过程中进行繁殖，这些小鱼苗数量多，使池中养殖密度增大，影响主养鱼类的生长发育和食用鱼的出塘规格，影响鱼产品质量和降低池塘鱼产量，可配养少量的肉食性鱼类（如鳜、加州鲈等），控制小杂鱼的数量。

（5）混养可以获得食用鱼和鱼种双丰收。食用鱼池中混养各种规格的鱼种，既能取得食用鱼高产，又能解决翌年大规格鱼种供应困难。

（6）混养能提高池塘养鱼的经济效益和社会效益。混养不仅提高鱼产量，提高饵料的利用率，改善产品质量，降低成本，而且在同一池塘中生产出各种食用鱼，丰富市场水产品种，满足了消费者的不同需求，对繁荣市场、提高经济效益有重大作用。

各种养殖鱼类混养的关系，可以用图4-2加以概括。

2. 确定主养鱼类和配养鱼类

（1）主养鱼。又称主体鱼。在同一个池塘多种鱼类混养中，在数量（或重量）上占较大比例，而且是投饵施肥和饲养管理的主要对象，对提高鱼产量起主要作用，一般占40%～50%。

（2）配养鱼。同一个池塘中，在数量（或重量）上所占的比例较少，饲养管理上少投饵或不投饵，依靠投喂给主体鱼的残饵或池中的有机碎屑和天然饵料而生长。一般配养鱼的品种为5～6种以上，甚至可多达10多种。

3. 混养搭配

（1）主养鱼选择。确定主养鱼的依据是生产需要，应考虑以下几种因素：一是市场要求，根据国内、国际市场，对各种养殖鱼类的需求量、价格和供应时间，为市场提供适销对路的食用鱼。二是饵料肥料来源，如草类资源丰富的地区以草鱼、鲂等草食性鱼类为主养鱼；螺、蚬类资源较多的地区可考虑以青鱼为主养鱼；肥料容易解决，可考虑以鲢、鳙等滤食性鱼为主养鱼。三是池塘条件，池塘面积大，水质肥沃，水草较少，粪多，以鲢、鳙为主；若池塘淤泥多，底栖生物丰富，主养鲤、鲫、罗非鱼等；若水质清瘦，水草较多，以草鱼、鲂等为主。四是鱼种来源，宜选择鱼种供应充足、价格便宜的鱼作为主养对象。

（2）配养鱼选择。选择配养鱼时，要注意根据主养鱼的种类来确定，选择与主养鱼不同食性、不同活动水层的鱼类，达到彼此不争食、能共存互利的效果，避免形成饵料、生活空间竞争等影响主养鱼的生长。同时，也要考虑池塘的具体条件，如池塘水较深（2～3m）可

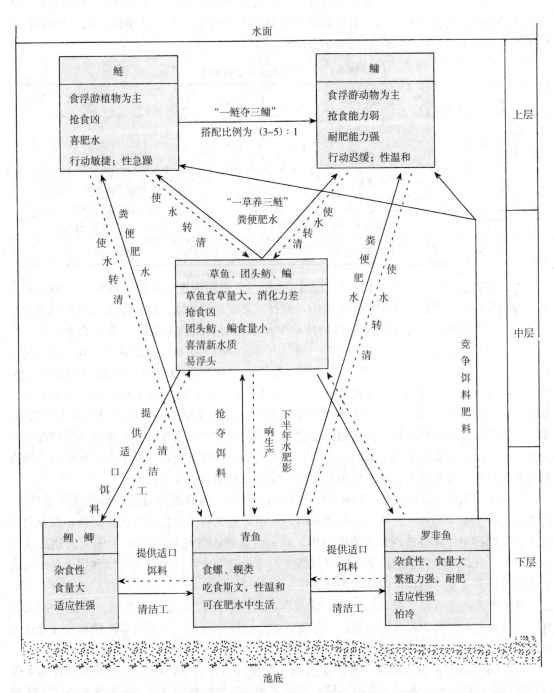

图 4-2　各种养殖鱼类混养的相互关系
（引自王武，《鱼类增养殖学》，2000）

以多搭配不同水层的鱼，水较浅（水深 1.5m 以下）的池塘以及新开挖的池塘，一般不宜混养。混养种类过多，会造成较为严重的争食、争空间，同时也难掌握食用鱼的规格。因此，搭配混养得当，则能彼此互利，提高鱼池的利用率，提高鱼产量。

（3）混养比例。池塘鱼类混养的搭配比例，应根据池塘条件、鱼类的习性特点、饵料肥料的供应情况、养殖措施，以及各种鱼要求达到的出塘规格等来灵活掌握。在一般情况下，可以参考表 4-1，在生产中结合实践加以调整。

表 4-1　池塘鱼类混养比例参考

主养鱼种类	主养鱼比例	上层配养鱼	底层配养鱼
草鱼、鳊、鲂	草鱼 40%～50%	鲢、鳙 15%	鲤、鲫等 20%～30%
	鳊、鲂 10%		
鲢、鳙	鲢、鳙 80%～90% 鲢∶鳙＝（3～5）∶1		草鱼、鲤等 10%～20%
罗非鱼	罗非鱼 70%		草鱼等 30%
鲤、鲫	鲤、鲫 60%	鲢、鳙 20%～30%	草鱼 10%～20%

鲢、鳙都是以浮游生物为食，但鲢是以摄食浮游植物为主，而鳙是以摄食浮游动物为主。特别是在施肥及投喂精饲料的池塘中，鲢行动敏捷，争食能力强；鳙无法得到充足的精饲料，生长受到抑制。在不投精饲料的池塘中，浮游动物的数量远比浮游植物少得多，因此，鳙不能放养太多。渔谚有"一鲢夺三鳙"之说，一般不把鲢、鳙混养在一起，尤其是以鳙为主的池塘中，则完全不放鲢。若要鲢、鳙混养，则鳙的放养量不得超过鲢放养量的30%，长江流域鲢、鳙的放养比例为（3～5）∶1。在珠江三角洲由于鳙市场需求量大，主养鳙，1年饲养 4～6 批，要在保证鳙生长的前提下，搭配少量的鲢，以充分利用天然饵料。生产上可采取，小规格的鲢与大规格的鳙混养、控制鲢的放养密度和生长期密度等措施来解决这一矛盾。鲢的放养量小于鳙的放养量，当鲢长到上市规格时，轮捕上市，再补放小规格的鱼种，且补放尾数等于或小于捕出的尾数，这样对鳙的影响较小。

青鱼和草鱼所活动的水层大致相同，草鱼为草食性，青鱼为肉食性，但投喂精饲料时，食物的选择上基本相同。青鱼、草鱼混养时，草鱼对精饲料的争食能力强于青鱼，青鱼的生长将会受到抑制，故以青鱼为主的池塘中，草鱼放养量不宜超过 20%，否则无法达到预期的收获量。在以草鱼为主的池塘中，可以搭配放养少量青鱼，因为青鱼可以利用池塘中的底栖生物维持其生长，与草鱼争食的矛盾较小。

从生产实践来看，采取草鱼、鲢、鲤混养，草鱼、鳙、鲮混养或青鱼、鳙混养效果较好。以草鱼或青鱼为主养鱼的池塘，搭配混养的鱼必须推迟 15～30d 放养，使草鱼或青鱼生长一段时间，争食能力增强之后才放养其他鱼类。

4. 混养模式　池塘养鱼是一种系统工程，要根据当地自然环境、饵肥供应、技术条件等确定放养模式。由于各地条件的不同，养殖技术具有地域性的特点，不同地域形成了适应当地的相对稳定的养殖模式。因此，池塘养鱼的混养模式有多种。

（1）以草鱼为主养鱼的混养模式。主要对草鱼投喂草类，利用草鱼、鲂的粪便肥水，产生大量腐屑和浮游生物，养鲢、鳙。主养草鱼在我国池塘养鱼中有多年的历史和占据重要的位置，每 667m² 净产量可高达 1 000kg 以上。一般用水草和种植青饲料饲养，但以配合饲料与青饲料相结合饲养草鱼效果更好（表 4-2）。

表 4-2　以草鱼为主养鱼的混养模式（面积：667m²）

鱼类	放养			成活率（%）	收获			
	规格（g/尾）	尾数（尾）	重量（kg）		规格（g/尾）	尾数（尾）	毛产（kg）	净产（kg）
鲢	50	200	10	95	650	190	123.5	113.5
	250	100	25	95	650	95	61.75	36.75
	0.4	250	0.1	90	250	225	56.25	56.15
鳙	50	70	3.5	95	306	66	53.2	49.7
	250	30	7.5	95	610.07	28	17.1	9.6
	0.5	100	0.05	90	250	90	22.5	22.45
团头鲂	30	150	4.5	90	350	135	47.25	42.75
草鱼	350	300	105	85	2 000	255	510	405
	20	500	10	70	250	350	87.5	77.5
鲤	25	100	2.5	95	1 200	95	114	111.5
白鲫	50	300	15	90	200	270	54	39
银鲫	20	500	10	95	200	475	95	85
青鱼	350	10	3.5	90	2 000	9	18	14.5
合计		2 610	196.6			2 233	1 260	1 063

（2）以鲢、鳙为主养鱼的混养模式。以滤食性鱼类鲢、鳙为主养鱼，适当搭配其他鱼类，饲养过程中主要采取施肥的方法。鲢、鳙放养量占70%～80%，其大规格鱼种采用食用鱼池套养方法解决。鲢、鳙种从5月开始轮捕后，即放大规格鱼种补放数量与捕出数量大致相等（表4-3）。

表 4-3　以鲢、鳙为主养鱼的混养模式（面积：667m²）

（引自王武，《鱼类增养殖学》，2000）

鱼类	放养			成活率（%）	收获		
	规格（g/尾）	尾数（尾）	重量（kg）		规格（kg/尾）	毛产（kg）	净产（kg）
鲢	200g	300	60	98	0.8	235	220
	5～8月放50g	350	17	98	0.2	62	
鳙	200g	100	20	98	0.8	78	75
	5～8月放50g	120	6	95	0.2	23	
草鱼	160g	50	8	80	1.0	40	32
团头鲂	60g	50	3	90	0.35	16	13
鲤	50g	30	1.5	90	0.8	21.5	20
鲫	25g	200	5.0	90	0.25	45	40
银鲴	5g	1 000	5.0	80	0.1	80	75
罗非鱼	10g	500	5.0			130	125
合计			130.5			730.5	600

（3）以青鱼为主养鱼的混养模式。以青鱼为主养鱼，主要投喂螺、蚬类及配合饲料，利用青鱼的粪便培养浮游生物，饲养鲢、鳙等鱼类，残饵饲养鲫等，并适当投喂青饲料饲养草鱼和鲂（表4-4）。

表4-4　以青鱼为主养鱼的混养模式（面积：667m²）（江苏吴县）

（引自王武，《鱼类增养殖学》，2000）

鱼类	放养			成活率（%）	收获		
	规格	尾数（尾）	重量（kg）		规格（kg/尾）	毛产（kg）	净产（kg）
青鱼	1～1.5kg/尾	80	100	98	4～5	360	
	0.25～0.5kg/尾	90	35	90	1～1.5	100	355.5
	25g/尾	180	4.5	50	0.25～0.5	35	
鲢	50～100g/尾	200	15	90	1以上	200	185
鳙	50～100g/尾	50	4	90	1以上	50	46
鲫	50g/尾	500	25	90	1.0	125	124
	夏花	1 000	1	50	0.25以上	25	
团头鲂	25g/尾	80	2	85	0.35以上	26	24
草鱼	250g/尾	10	2.5	90	2	18	15.5
合计			189			939	750

（4）以团头鲂为主养鱼的混养模式。该模式既适宜水旱草饲料资源比较丰富的地方，又适应使用团头鲂的配合饲料来源较方便的地区，可以放养少量的鲢、鳙，以改善水质（表4-5）。

表4-5　以团头鲂为主养鱼的混养模式（面积：667m²）

（引自戈贤平，《池塘养鱼》，2009）

鱼类	放养			成活率（%）	收获		
	规格（g/尾）	尾数（尾）	重量（kg）		规格（kg/尾）	毛产（kg）	净产（kg）
团头鲂	80～120	700	70	90	0.35～0.45	252	182
草鱼	30～40	320	11	70	0.3～0.5	90	79
鲢	50～70	200	12	95	0.5～0.8	125	113
鳙	50～70	50	3	95	0.7～0.9	38	35
鲫	30～50	200	8	95	0.25～0.35	50	34
合计			104			555	451

注：①可以使用鲂颗粒饲料为主；②如果鲢、鳙生长良好，可以上市少量热水鱼，并套养少量夏花；③鲂耐低氧力较差，特别要防止浮头。

（5）以鲮、鳙为主养鱼的混养模式。该类型是珠江三角洲普遍采用的混养类型，饲养管理中，采取投饵和施肥相结合，运用轮捕轮放方法进行饲养，鱼产品均衡上市（表4-6）。

表 4-6　以鲮、鳙为主养鱼的混养模式（面积：667m²）

（引自王武，《鱼类增养殖学》，2000）

鱼类	放养			收获		
	规格（g/尾）	尾数（尾）	重量（kg）	规格（kg/尾）	毛产（kg）	净产（kg）
鲮	50.0	800	48	0.125 以上捕出	360	276
	25.5	800	24			
	15	800	12			
鳙	500	200	100	1.0 以上捕出	226	122
	100	40	4			
鲢	50	120	6	1.0 以上捕出	106	100
草鱼	500	100	60	1.25 以上	125	157
	40	200	8	0.5 以上	100	
鲫	50	100	5	0.4 以上	40	35
鲤	50	20	1	1.0 以上	21	20
合计			270		1 020	750

（6）以异育银鲫为主养鱼的混养模式。该模式是四川普遍采用的养殖模式。异育银鲫为优质淡水大宗养殖鱼类，饲养容易，种苗来源广，饵料易解决（表4-7）。

表 4-7　以异育银鲫为主养鱼的混养模式（面积：667m²）

鱼类	放养		成活率（%）	收获	
	鱼种平均规格（g/尾）	尾数（尾）		养成规格（kg/尾）	毛产（kg）
鲫	20～50	9 000	90	0.1 以上起捕	1 200
草鱼	250～400	220	90	0.75 以上起捕	150
鲢	夏花	400	80	0.75 以上起捕	200
	150～250	300	95		
鳙	150～250	60	95	1.0 以上起捕	50
	夏花	150	80		
合计					1 600

注：①代表区域为成都市；②6月放养鲢、鳙夏花，年底留作鱼种，其余鱼类在年初或上一年年底一次放足；③从4月起开始将达到上市规格的食用鱼捕捞上市，6月前将草鱼全部捕捞上市，以避开草鱼发病高峰期，鲫0.1kg即可起捕，可根据池塘养殖密度合理掌握轮捕时间，疏散鲫养殖密度，一般年轮捕3～6次，当年未达到上市规格的留作翌年的大规格鱼种。

（7）以鲤为主养鱼的混养模式。我国东北、华北等较寒冷地区普遍采用的模式。放养时，鲤用1龄鱼种入池，至收获时都能达到最低的食用规格。鲢、鳙放养两种规格，大者当年养成上市，小者则养成大规格供翌年放养之用（表4-8）。

表 4-8　以鲤为主养鱼的混养模式（面积：667m²）

（引自戈贤平，《池塘养鱼》，2009）

鱼类	放养			成活率（%）	收获		
	规格（g/尾）	尾数（尾）	重量（kg）		规格（kg/尾）	毛产（kg）	净产（kg）
鲤	100	650	65	90	0.75	440	375

（续）

鱼类	放养			成活率（%）	收获		
	规格（g/尾）	尾数（尾）	重量（kg）		规格（kg/尾）	毛产（kg）	净产（kg）
鲢	40	150	6	96	0.7	111	105
	夏花	200		81	0.04	6.5	6.5
鳙	50	30	1.5	98	0.75	23.5	22
	夏花	50		80	0.05	2	2
合计			72.5			583	510.5

注：①鲤产量占总产 75％以上；②由于北方鱼类的生长期较短，要求放养大规格鱼种，鲤由 1 龄鱼种池供应，鲢、鳙由原池套养夏花解决；③以投鲤配合颗粒饲料为主，养鱼成本较高；④近年来该混养类型已搭配异育银鲫、团头鲂等鱼类，并适当增加鲢、鳙的放养量，以扩大混养种类，充分利用池塘饵料资源，提高经济效益。

（8）食用鱼池套养鱼种。在食用鱼池套养鱼种，是解决食用鱼高产和大规格鱼种供应不足之间矛盾的一种较好的方法。套养是在轮捕轮放基础上发展起来的，它使食用鱼池既能生产食用鱼，又能培养翌年放养的大规格鱼种。大规格鱼种如依靠鱼种池培养，就大大缩小了食用鱼池饲养的总面积，其成本必然增大。采用在食用鱼池中套养鱼种，每年只需在食用鱼池中增放一定数量的小规格鱼种或夏花，至年底，在食用鱼池中就可套养出一大批大规格鱼种。尽管当年食用鱼的上市量有所下降，但却为翌年食用鱼池解决了大部分鱼种的放养量。套养不仅从根本上革除了 2 龄鱼种池，而且也压缩了 1 龄鱼种池面积，增加了食用鱼池的养殖面积（表 4-9）。

表 4-9　江苏无锡市郊套养鱼种模式（面积：667m^2）

鱼类	放养数量（尾）	规格（g/尾）	放养时间	成活率（%）	养成数量（尾）	养成规格（g/尾）	说明
草鱼	70～80	500～750	年初	≥80％			6月开始达 1.5kg 者上市
	90～100	100～400		≥80％	70	500～750	生长快者年终可达 1.5kg
	150～170	14～21	7月	60％～70％	100	100～400	
青鱼	35～40	750～1 250	年初	≥80％			7月开始达 1.5kg 者上市
	60～70	150～300		70％	40～50	750～1 250	
	150～170	15～20	7月	50％～60％	80	150～300	
团头鲂	300	40～60	年初	90％			7月下旬达 300g 者即上市
	350	12.5～17		90％			大部分年终可达 300g
	300	夏花	7月	60％～70％	500	12.5～60	
鲢、鳙	200尾（鳙占1/4）	250～350	年初	95％			6～7月达 500g 以上者上市
	450尾（鳙占1/4）	100～200		90％	300	250～350	年终达 500g 以上者上市
	300	夏花	7月	80％～90％	250	100～200	
鲤	90～100	50～150	年初	≥90％			年终可达 0.5～1kg 上市
	150	夏花	6月	70％～80％	100	50～150	
鲫	600	20	年初				8月中旬达 200g 者上市
	900～1 000	夏花	6月	60％	600	20	

（三）轮捕轮放

轮捕轮放是指在同一池塘中，同一养殖周期内，放养不同品种和不同规格的鱼类进行轮捕，单位时间内增加捕捞和投放的次数，以提高单位面积鱼产量（增加20％以上）和池塘经济效益。概括地说，轮捕轮放就是"一次放足，分期捕捞，捕大留小，捕大补小"。

1. 轮捕轮放的作用

（1）合理调剂空间，有利于鱼的生长。轮捕轮放，可以使鱼池中饲养的鱼类在整个饲养过程中，始终保持较合适的密度和合理的载鱼量，避免在养殖过程中随着鱼类个体增大、鱼池负载增大，造成鱼类生长受到不同程度的抑制，由于鱼群密度过大而影响生长，甚至引起鱼类泛塘的严重后果。同时，也防止在放养初期鱼密度过小，导致水体空间的浪费；有利于最大限度地挖掘水体增产的潜力。

（2）可以较好地处理混养鱼类间的矛盾，扩大混养种类。利用轮捕控制各种鱼类生长期的密度，以缓和鱼类之间（包括同种不同规格）在食性、生活习性和生存空间的矛盾，使

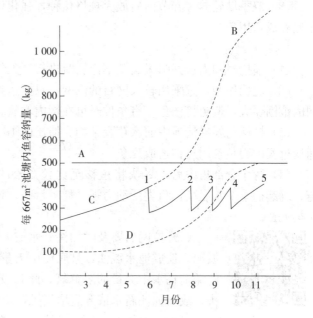

图 4-3　轮捕轮放增产示意图
A. 假设该池鱼最大容纳量　B. 采用轮捕轮放措施的全年累计产量
C. 各次轮捕的产量　D. 不采用轮捕轮放措施的年终产量
1、2、3、4、5 为轮捕次数
（引自戈贤平，《池塘养鱼》，2009）

食用鱼混养的种类、规格和数量进一步增加，充分发挥池塘的生产潜力。如鲢、鳙、白鲫等均摄食浮游生物和悬浮有机碎屑等，栖息的水层也重叠，矛盾较大，可以在6～8月大量起捕鲢、鳙，空出水体空间，有利于白鲫生长。又如在上半年一般水质较清新，草类鲜嫩，适合草鱼的生长，7月开始，水质逐渐转肥，不利于草鱼摄食生长，这时捕出部分达到食用规格的草鱼，疏散了草鱼的密度，对原塘的小草鱼和团头鲂的生长有促进作用。

（3）有利于培养量多质优的大规格鱼种。通过捕大留小，相对缓和了大小鱼之间的争食矛盾，有利于小规格和补放的夏花鱼种的生长。在食用鱼池中补放草鱼、鲢、鳙、青鱼、鲤等夏花鱼种，到年底一般长到50g左右的规格，成为翌年放养的大规格鱼种，为持续高产奠定了基础。

（4）有利于均衡上市，加速资金周转。一年一季的单季养殖方式，鱼产品多集中在冬季出售，往往鱼价较低，而上半年无鲜活鱼供应。实行轮捕轮放，可以在夏、秋淡水鱼淡季分期分批向市场提供鲜活鱼，做到全年均衡上市，满足市场的需求，鱼价也较合理，得到较多的收益；资金可及时地收回一部分，减少了流动资金，加快资金周转和提高经济效益。

2. 轮捕轮放的方法　轮捕轮放的方法有多种，通常采用的方法主要有：

（1）一次放足，分期捕捞（捕大留小）。年初一次放足不同规格、年龄的鱼种，分期分批捕出部分食用鱼，不再补放鱼种。

（2）轮捕食用鱼，套养夏花鱼种（捕大补小）。在鱼种池面积不够时，常采用的方法。一次放足不同规格的鱼种，分成3～4个档次，大规格鱼种在6～9月达到食用规格即提前起捕，同时补放一部分夏花鱼种，为翌年培育大规格鱼种和一般规格的冬片鱼种。

（3）双季塘轮养。春节前后放大规格鱼种，强化培育到7月上市，再投放鱼种，培育到年底养成食用鱼。

3. 轮捕轮放的注意事项

（1）捕捞时间需选择晴天、鱼不浮头时进行。天气闷热或下雨时不能起捕，以防死鱼。

（2）起捕用网，宜采用较大网目的围网，只要达到上市规格以上的鱼不能钻出即可，收网的范围要大，避免挤伤鱼，有条件时可在网内增氧。

（3）拉网前要捞清池中的水草及杂物。捕捞前1d应减少投饵量，甚至停食1d，以免在捕捞过程中因鱼食用过饱造成死鱼。

（4）待鱼全部集中后，尽快将鱼移至比较宽松的深水区域，并迅速分选，捕大留小。鲢、鳙起捕季节水温高，鱼类活动力强，耗氧量高，扦捕操作要特别小心，动作要快，避免鱼类死亡。

（5）拉网后要及时加注新水或开启增氧机。由于拉网时，翻动了池底淤泥，造成池水混浊，且底泥中大量的有机质溶入水体中，这些有机质分解需消耗水中大量的溶解氧。此时极易造成水体中临时缺氧，引起鱼类浮头，故需加注新水或开启增氧机，防止泛塘。

抬网捕鱼

（6）一般情况下，一年捕3～4次。入秋后，密度稀疏，温度下降，生长速度减慢，轮捕不能增产，9月底捕，10月不再轮捕。

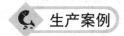

生产案例

2010年，四川省雅安市名山县养殖户1口2hm²的山平塘（配叶轮式增氧机10kW，食场安装自动投饵机2台，并设置抬网），在5月中旬放养各规格鱼种。放养和收获情况见表4-10。

表4-10　放养收获情况

鱼类	放养			收获			备注
	规格（g/尾）	尾数	重量（kg）	养成平均规格（kg/尾）	毛产（kg）	净产（kg）	
福瑞鲤	6.4	60 000	385	0.75	35 400	35 015	当年70%达食用规格，当年未达食用规格的鱼在翌年5月上市
鲫	1	40 000	40	0.15以上	6 000	5 960	翌年5月出池
鲢	400	3 000	1 200	1.5	4 000	2 800	
鳙	400	1 000	400	2.0	1 800	1 400	
沟鲇	50	300	15	0.5	120	105	
草鱼	100	150	15	1.5	120	105	
合计		104 450	2 055		47 440	45 385	

该塘年投喂鲤池塘混养颗粒沉性配合饲料60t，2011年7月，我们对该养殖户的产值和成本进行了统计（表4-11）。

表4-11 产值及成本统计表

鱼类	产值（元）		成本（元）		备注
	单价（元/kg）	金额（元）			
鲤	10.4	368 160	鱼种	20 000	实际购买鱼种总金额（含运输费）
鲫	11	66 000	塘租	20 000	含池塘改造、设施等分摊费
鲢	7	28 000	电费	10 000	
鳙	12	21 600	渔药	12 000	
草	10	1 200	饲料	288 000	60t通威池塘101鲤鱼料
沟鲇	16	1 920	捕捞人工	4 744	0.20元/kg
合计		486 880		354 744	
利润	132 136				不含养殖人工和管理费

从表4-10、表4-11可以看出，该塘总产鱼47 440kg（毛产），667m² 净产鱼1 514kg，总产值为486 880元，成本为354 744元，养殖毛利润为132 136元。

在经营上，70%福瑞鲤食用鱼用抬网在10月前分两次捕捞上市，鲫和第1年末达到食用鱼规格的福瑞鲤要在3～5月强化培育，5月上旬全池鱼出售完毕，清塘消毒后于5月中旬进行下一轮养殖。

（四）多级轮养

多级轮养是指根据鱼类的生长特点，把不同规格的鱼种依次转池，逐步稀放，分级养殖。多级轮养是珠江三角洲常采用的养鱼方式，由鱼苗到食用鱼养殖都可实行，使鱼池的养殖密度经常得到调整，鱼的规格也比较一致，能够保证鱼种的正常生长和鱼产量的提高。多级轮养要求的条件主要有：一是鱼类的生长期特别是20℃以上的强度生长期长，以便在各池塘依次养殖在时间上能够施展；二是池塘要配套，需要的池塘较多；三是人力需充足，一般相隔30～40d，各级池塘要依次拉网倒塘1次，劳动强度大。目前，随着劳动力成本的提高、个体养殖的发展，已基本上改为套养方式。

（五）套养

套养，是指在食用鱼池中培育鱼种的一种生产方式。在食用鱼池套养鱼种，是解决食用鱼高产和大规格鱼种供应量不足矛盾的一种较好的方法。套养是在轮捕轮放的基础上发展起来的，它使鱼池既能生产食用鱼，又能培养翌年放养的大规格鱼种。采用在食用鱼池中套养鱼种，每年只需在食用鱼池中增放一定数量的小规格鱼种或夏花，至年底，在食用鱼池中就可套养出一批大规格鱼种。尽管当年食用鱼的上市量有所下降，但却为翌年解决了大部分鱼种的放养量。套养可压缩鱼种池面积，使之只占鱼池总面积20%以下，从而扩大了食用鱼养殖池的面积，有利于高产稳产。

要做好套养工作，第一，切实抓好1龄鱼种的培育，培育出规格大的1龄鱼种。其中，

1 龄草鱼和青鱼的体长必须达到 10cm 以上，团头鲂的体长必须达到 6cm 以上；第二，食用鱼池年底出塘的鱼种数量，应等于或略多于翌年该食用鱼池大规格鱼种的放养量；第三，必须保证食用鱼池有 80％以上的鱼达到上市规格；第四，及时稀疏池鱼密度，使鱼类能正常生长，轮捕的网目适当放大，避免小规格鱼种挂网受伤；第五，要加强饲养管理，对套养的鱼种要适当照顾。

(六) 放养收获模式设计

放养收获模式，是指池塘内不同品种、不同规格的鱼种，按不同的数量进行搭配组合养殖并收获食用鱼的养殖模式。我国地域广阔，各地自然条件、养殖对象、饵肥来源等均有较大的差异，因而各自形成了一套适合当地特点的放养收获模式，但它们仍有其共同点和普遍规律。在设计放养收获模式时，应遵循以下原则：

(1) 一种混养模式有 1～2 种主养鱼，适当混养搭配一些其他鱼类。

(2) 合理考虑池塘内滤食性鱼类的放养量，如鲢、鳙、鲮等，在不增加肥料使用量的前提下，充分利用水体中的浮游生物，不仅可以增加收入，同时可以起到调节水质的作用。

(3) 一般上层鱼、中层鱼和底层鱼之间的比例以 4：3：3 为宜，可适当增加上层鱼类，减少底层鱼类。

(4) 鲤、鲫、团头鲂的放养规格间距小，且净产量的增加主要与放养尾数相关，在出塘规格允许的情况下，可适当增加放养尾数。

(5) 为充分利用饵料，提高池塘鱼产力和经济效益，滤食性鱼和吃食性鱼类要有合适的比例，以 4：6 为宜。

(6) 混养种类多，互补作用好，高产稳产的把握性更大。一般 6～7 种，多的可达 10 种以上。

生产案例

放养收获模式设计实例：一池塘面积为 2hm²，平均水深 2m，配有总功率为 15kW 叶轮式增氧机 5 台。试设计一个以草鱼为主养鱼，毛产量为每 667m² 1 000kg 的食用鱼养殖的放养和收获模式：

第 1 步，首先根据主养鱼确定配养鱼，如以草鱼为主养鱼，搭配混养异育银鲫、鲢、鳙。其中，草鱼占毛产量的 60％，异育银鲫占毛产量的 10％，鲢鳙占总产量的 30％，鲢、鳙比例为 4：1。

第 2 步，计算出收获时各种鱼类的毛产量：

草鱼毛产量：$1\,000 \times 60\% \times 2 \times 15 = 18\,000$kg

异育银鲫毛产量：$1\,000 \times 10\% \times 2 \times 15 = 3\,000$kg

鲢毛产量：$1\,000 \times 30\% \times 80\% \times 2 \times 15 = 7\,200$kg

鳙毛产量：$1\,000 \times 30\% \times 20\% \times 2 \times 15 = 1\,800$kg

第 3 步，根据食用鱼起捕规格，计算出起捕各类食用鱼尾数：

草鱼：起捕规格假设为 1.5kg，起捕尾数为：$18\,000 \div 1.5 = 12\,000$ 尾

异育银鲫：起捕规格假设为 200g，起捕尾数为：$3\,000 \div 0.2 = 15\,000$ 尾

鲢：起捕规格假设为 1kg，起捕尾数为：7 200÷1＝7 200 尾

鳙：起捕规格假设为 1.5kg，起捕尾数为：1 800÷1.5＝1 200 尾

第 4 步，根据池塘总产量，养殖鱼的种类、生长期、饵肥供应等综合条件确定放养鱼类的规格。如在四川省，要养成上述食用规格，放养草鱼种规格应为 0.1kg 左右，异育银鲫种应在 0.05kg 左右，鲢种应在 0.1kg 左右，鳙种应在 0.1kg 左右。

第 5 步，根据池塘条件，养殖鱼种类和规格，饲养管理技术水平及历年养殖经验估计养殖成活率：如草鱼 85%，异育银鲫 90%，鲢 90%，鳙 90%。

第 6 步，根据各种鱼收获尾数、估计成活率及 5% 的保证率，计算放养尾数：

草鱼：(12 000÷0.85)×(1＋0.05)＝14 823 尾

异育银鲫：(15 000÷0.9)×(1＋0.05)＝17 500 尾

鲢：(7 200÷0.9)×(1＋0.05)＝8 400 尾

鳙：(1 200÷0.9)×(1＋0.05)＝1 400 尾

第 7 步，根据放养尾数和放养规格，确定放养各种鱼的重量：

草鱼：14 823×0.1＝1 482kg

异育银鲫：17 500×0.05＝875kg

鲢：8 400×0.1＝840kg

鳙：1 400×0.1＝140kg

第 8 步，根据各种鱼的放养重量和收获时的毛产量，计算各种鱼净产量：

草鱼：18 000－1 482＝16 518kg

异育银鲫：3 000－875＝2 125kg

鲢：7 200－840＝6 360kg

鳙：1 800－140＝1 660kg

第 9 步，统计总毛量和总净产量：

总毛产量：2×15×1 000＝30 000kg

总净产量：16 518＋2 125＋6 360＋1 660＝26 663kg

第 10 步，将上述计算结果汇总于放养收获模式表 4-12 中。

表 4-12　以草鱼为主养鱼的混养模式（面积：hm²）

鱼类	放养			成活率（%）	收获			
	规格（g/尾）	尾数	重量（kg）		规格（g/尾）	尾数	毛产（kg）	净产（kg）
草鱼	100	14 823	1 482	85	1 500	12 000	18 000	16 518
鲢	100	8 400	840	90	1 000	7 200	3 000	6 360
鳙	100	1 400	140	90	1 500	1 200	7 200	1 660
异育银鲫	50	17 500	875	90	200	15 000	1 800	2 125
合计		42 123	3 337			35 400	30 000	26 663

二、池塘清整

鱼池在连续饲养一年或数年后，残渣污物、鱼类粪便等沉积很多，加之池岸的融蚀、倒

塌，使池底聚有很厚的淤泥层。淤泥中含有大量的有机物，若淤泥过厚，在水温高的季节，有机物急剧分解，产生大量有机酸和有毒气体，消耗大量的氧气，对池鱼危害很大。一般池塘底泥保持在 20cm 左右为宜。

在鱼种放养前要对鱼池进行彻底的清整，为鱼类创造安全的生活环境，改善水中理化因子；杀灭潜伏的细菌、寄生虫等病原体，减少鱼病的发生等。食用鱼池塘清整的方法同鱼苗池。

三、鱼种放养

1. 鱼种来源 生产中鱼种的来源主要是市购和自育。自育可避免规格、种类、数量的不足，防止运输中鱼种死亡、受伤、鱼病等。育种池的面积占总养殖面积的 15％～20％，2龄的大规格育种池占总养殖面积的 30％～40％。无论哪种来源的鱼种都要求体健无伤，并经检疫合格。

2. 鱼种放养时间 鱼种放养时间以冬投为主、春投为辅，提早放养是获得高产的措施之一。水温在 6～10℃的鱼种体质健壮、鳞片紧密、活动力弱，在拉网操作中鱼种不易受伤，可减少鱼病发生和死亡。同时，冬季提早放养也利于鱼类的提早开食、早生长，一定程度上延长了鱼类的有效生长周期。

放养鱼种时应注意的事项：选择晴天中午，避开雨、雪、大风或冰冻等寒冷天气。套养鱼种的投放，宜选择在春节过后，为翌年生产培育大规格鱼种。

3. 鱼种消毒 鱼种消毒是鱼种放养工作中一个不可缺少的环节，也是提高放养后鱼种成活率和养殖效益的一项重要技术措施。生产过程中，即使是健壮的鱼种，也或多或少带有某些病原体，特别是外购的鱼种，有的还带有地方病。鱼塘即使清塘消毒比较彻底，也往往由于放养鱼种时未经消毒，病原体遇到适宜的条件，便大量繁殖而引起鱼病发生。在鱼种分池、换池、池塘精养时，都应该进行鱼种消毒，预防鱼病的发生。

不同来源的鱼种可能携带不同的病原体，同一来源的鱼种可能携带一种或多种病原体。因此，进行鱼体消毒前，认真做好鱼体病原体的检查工作，根据所携带的病原体种类，分别采用不同的药物进行鱼体消毒处理，以得到预期的效果。

鱼种消毒一般采用药浴法，即将所需放养的鱼种置于适当浓度的药液中浸洗，在短时间内杀灭鱼种体表或鳃部携带的细菌、寄生虫等病原体。药浴时间长短，随鱼体大小、体质强弱、药物浓度、水温高低等情况而定。水温低、药物浓度低、鱼体质强，可适当延长药浴时间；反之，应缩短药浴时间。药浴时间长，可提高对病原体的杀灭效果，但水中溶解氧不足，会引起鱼的浮头或死亡。在药浴操作过程中要特别注意鱼的动态，鱼出现头朝上、口张开，游动缓慢或倒卧水面，体色变成灰白等症状时，应立即将鱼放入鱼池内。鱼种消毒常用药物及使用方法见表 4-13。

表 4-13　常用鱼种消毒方法

药物名称	药物浓度	浸浴时间（min）
食盐	2％～3％	3～5
食盐＋小苏打	1％＋1％	5～8
高锰酸钾	15～20mg/L	15～25
聚维酮碘（含有效碘 1％）	20～30mg/L	5

四、饲养管理

（一）施肥与投饵

在池塘养殖的条件下，投饵和施肥为鱼类提供充足的食物而快速生长，是池塘综合养殖达到高产、高效最根本的措施之一。

1. 池塘施肥　池塘施肥补充水中的营养盐类及有机物质，促进水中细菌、浮游生物和底栖生物的繁殖，为鲢、鳙、鲮等鱼类提供饵料；有机肥中有机碎屑还可直接被杂食性、滤食性鱼类利用；浮游植物的光合作用，也是水体中溶解氧的主要来源。因此，池塘施肥不仅为养殖鱼类提供足够的饵料，而且能提高池水溶解氧含量，改善池塘水环境，使各养殖鱼类都能均衡增产。池塘施肥可分基肥和追肥两大类：

（1）施基肥。可改良池底营养状况，增加池塘营养物质，以利天然饵料的繁殖。尤其是新开挖的池塘，池底缺少或无底泥，水中有机物质含量低、水清瘦，应施足基肥。基肥通常采用有机肥料，在池塘中逐渐分解，肥效稳定，水质不易突变。有机肥经腐熟，杀死大量的致病菌和减少分解时的耗氧量。施用基肥要一次施足，一般放养前至3月的施肥量占全年施肥量的50%～60%。具体可将有机肥料施于池底或积水区的边缘，经日光曝晒数天，适当分解矿化后，翻动肥料，再曝晒数日，即可注水。具体数量根据池塘的肥瘦程度、肥料的种类等而定，一般每667m² 鱼池可施腐熟的畜禽粪肥或混合堆肥200～600kg。

肥水塘或养鱼多年的池塘，池底淤泥较多，一般少施或不施基肥。

（2）施追肥。为了保持池中营养物质含量维持在一定水平，促进池中浮游生物能不断繁殖生长，适时追肥，以补充鱼池中各类营养物质的消耗。追肥可选用有机肥或无机肥，但粪肥等有机肥要腐熟后使用。施追肥应掌握及时、量少次多和均匀的原则。追肥量与次数应根据水温、水质、天气、养殖种类及鱼的活动情况而定，池水要保持"肥、活、嫩、爽"，透明度一般在25～35cm。追肥应选择晴天、溶解氧条件相对较好时进行，闷热阴雨天气不能施追肥，以避免耗氧量突然增加，降低池塘溶解氧量。

2. 投饵　饵料是鱼类生长的能量来源，是提高养鱼产量的物质基础。饵料的质量和数量以及投饵技术的高低，不仅决定着鱼产量的大小，而且也决定着养鱼的成本和经济效益。因此，投喂量足、质优、适口的饵料，是养鱼高产、高效的重要措施。

（1）投饵数量的确定。在养鱼工作中，为了做到有计划生产，保证饵料及时供应，每年都要根据生产计划来确定全年需要的饵料总量，各月份的饵料需要的实际数量及日投饵量等。

①全年投饵计划。根据各食用鱼池鱼种的放养量和规格，及各种鱼的净增肉倍数，确定全年计划净产量。再根据饵料系数（生产单位水产品所需消耗饲料的数量），计算出全年投饵量。全年计划投饵量的计算方法为：

$$全年计划投饵量＝投放鱼种量×平均净增肉倍数×该饲料饵料系数$$

例如：有1口面积为667m² 食用鱼池，放养鲤种70kg，计划净增肉倍数7。已知配合饲料的饵料系数为2.0。则全年计划投饵量：

$$全年计划投饵量＝70×7×2.0＝980kg$$

全年投饵量也可以根据饲料的饵料系数和预计产量计算：

$$全年投饵量＝饲料系数×预计净产量$$

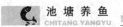

例如：1口鱼池，面积为 $5 \times 667m^2$，计划净产鱼 3 500kg，已知配合饲料的饵料系数为 2.0。则全年计划投饵量：

全年计划投饵量＝3 500×2.0＝7 000kg

池塘食用鱼饲养中，大多是采用多种鱼类混养的方法，投喂的饵料种类也较多，各种鱼类对不同饵料的摄食存在着交叉现象，在生产中很难了解某种鱼对某一饵料的实际吃食量。因此，全年饵料需要量只是一个大致准确的数据。

②月投饵计划。根据月投饵百分比（是指全年计划投饵量分配在生长季节中各个月份的百分比）制订每月计划投饵量。

月份投饵量＝全年投饵量×月分配比例

以鲤为主体鱼月投饵百分比可参照表 4-14。

表 4-14　鲤食用鱼投饵量月份分配

月份	5	6	7	8	9
月份分配占全年比例（%）	10	15	30	30	15

以天然饵料和精饲料为主的投喂方式，应根据当地水温、季节、鱼类生长及饵料肥料供应等情况，制订出各月饵料分配百分比。尽管各地饵料种类、养殖方法、气候有所不同，但各月饵料分配比例均有共同点：在季节上采取"早开食、晚停食、抓两头、带中间"的分配方法，在鱼类主要的生长季节投饵量占总投饵量的 75%～85%。在饵料的种类上，草类饵料在春夏季数量多、质量较好，供应重点偏在鱼生长季节的中前期。贝类饵料下半年产量高，此期青鱼、鲤个体大，食谱范围广，供应重点偏在鱼类生长季节的中后期。精饲料重点也在中后期供应，以利鱼类保膘越冬。此外，在早春开食阶段，必须抓好饵料的质量。月投饵百分比都是根据经验制订的，我国地域辽阔，南北区域气候条件差异较大，养殖类型也多样。因此，月投饵百分比应根据各地的气候条件和养殖类型进行适当的调整。

③投饵率和每天投饵量的确定。投饵率（投饲率、日投饵率）是指每天投喂饵料的量占鱼体重的百分比。投饵率与饲养鱼的种类、鱼体大小、水温、天气、水质、饲料的种类和质量、天然饵料的数量、鱼的健康状况等有密切关系。通常在适温范围内，鱼类摄食量随水温升高而增加；稚鱼或幼鱼、健康个体的摄食量大于成鱼和体质弱的鱼；青饲料、粗饲料和单一饲料的投饵率大于全价饲料；天气晴朗、池水溶解氧丰富和缺乏天然饵料的情况下应多投。

每天的实际投饵量，主要根据水温、水色、天气和鱼类吃食情况来确定。温水性鱼类在 10℃ 以上开始摄食，10～15℃ 为弱生长期，15～24℃ 为一般生长期，24～30℃ 为最适生长期。一般精料的投喂，温水性鱼类在 10℃ 以上时，每次每 $667m^2$ 投喂 2～3kg 易消化的精料，15℃ 以上投饵率为 0.6%～0.8%，25℃ 以上投饵率为 3%～5%；鱼类最适生长期，陆生草的投饵率 15%～20%，水草的投饵率为 30%～40%。天气晴稳，气压高，可多投；阴雨天应少投；天气闷热，气压低，或天气变化无常则应停止投饵。水质好，溶解氧含量高，适当多投；反之，少投或不投。投饵后很快吃完，应适当增加投饵量；若长时间没有吃完，则应减少投饵量（表 4-15）。

表 4-15 不同鱼规格、水温的日饵率与投饵次数

(引自戈贤平,《池塘养鱼》, 2009)

日投饵率(%) 尾重(g)	水温(℃) 10～15	15～20	20～25	25～30
1～10	1	5.0～6.5	6.5～9.5	9.0～11.7
10～30	1	3.0～4.5	5.0～7.0	5.0～9.0
30～50	0.5～1.0	2.0～3.5	3.0～4.5	5.0～7.0
50～100	0.5～1.0	1.0～2.0	2.0～4.0	4.0～5.3
100～200	0.5～0.8	1.0～1.5	1.5～3.0	3.1～4.3
200～300	0.4～0.7	1.0～1.7	1.7～3.0	3.0～4.0
300～500	0.2～0.5	1.0～1.6	1.8～2.6	2.6～3.5
日投饵次数	2～3次	3～4次	4～5次	4～5次

注:当水温上升到35℃以上时,要适当减少投饵次数和投饵量。

(2)投饵技术。

①搭设饵料台和饵料框。用于投喂浮性饵料或青草的饵料框,一般用毛竹、木桩、PVC管等浮性材料制成,每个饵料台的面积为 2～6m²,可搭成三角形或四边形。用于投喂沉性饵料的饵料台,用竹竿或木桩支撑芦席的四角,固定于池底,面积为 1～2m²,也可用竹篾编制成的盘。饵料台设置的深度依据鱼的种类而异,中、上层鱼类的饵料台,放置在水面下 50～100cm;底层鱼类的饵料台,则设在近岸水深为 1～1.5m 的池底。饵料台(框)的大小及设置的数量,由池塘的大小和放养密度决定。池大鱼多时,设置 2～3 个,或增加饵料台(框)的面积;池小鱼少时,设 1 个即可。规格小的鱼抢食能力弱,要搭小鱼饵料台,防止抑制小鱼的吃食。

②"四定"投饵原则。饵料的投喂应做到"四定"投饵,即定点、定时、定质、定量。一是定质,饵料要新鲜、无腐烂、无霉变。草类饵料要求鲜嫩、无根、无泥,鱼喜食。贝类饵料要求鲜活、适口、无杂质。精饲料要满足不同种类不同规格鱼类的需求。颗粒饵料保证营养成分全面、适口,在水中不易散失。根据不同主养鱼对饲料营养的要求,制订饲料的配方,如草鱼、团头鲂对粗蛋白的要求在 25% 以上,青鱼为 30% 以上,鱼种阶段饲料的粗蛋白质含量要高些,如青鱼鱼种(1 龄)为 43%。二是定时,每天投喂时间和次数相对固定,养成定时吃食的习惯,必须让鱼类在池水溶解氧含量高的条件下吃食,有利于提高饲料的利用率。通常,草类和贝类饵料宜在 9:00 左右投喂。精饲料和配合饲料应根据水温和季节,在确定的日投饵量条件下适当增加投喂次数,以提高饵料的利用率。在长江流域,采用配合饲料的投饵次数和时间为:4 月和 11 月,每天投饵 2 次(9:00、14:00);5 月和 10 月,每天投喂 3 次(9:00、12:00、15:00);6～9 月,每天投喂 4 次(8:30、11:00、13:30、15:30)。三是定量,按照日投饵率要求,保持投饵量相对稳定,不能忽多忽少,在规定的时间内吃完,以避免鱼类时饥时饱,影响鱼类消化、吸收和生长,并易引起鱼病。一般当次投喂的配合颗粒饲料以 40min、水草以 3～4h 吃完为宜。提前吃完的要增加投饵量,吃不完的则要酌情减少投喂。四是定点,或称定位,是要求投饵必须有固定的食台或食场,集中于固定位置摄食,能减少饵料浪费,便于观察摄食情况和食场消毒,并便于清除残饵,保证池鱼吃食卫生。投饵时应先给予刺激(如声响等),使鱼集中于食场附近时,再投饵。但此方法仅限于能够形成条件反射的种类,不能形成条件反射的种类,如甲壳类的虾、蟹等,

不能采用此法，必须采用全池遍洒的方法。

③投饵必须坚持"匀""足""好"。

匀：表示一年中连续不断地投喂足够数量的饵料，做到量少次多。特别是在鱼类主要生长季节应坚持每天投饵，以保证鱼吃食均匀。"一日不吃，三日不长"的渔谚，说明了科学投饵的重要性。

足：表示投饵量适当，在规定的时间内鱼将饲料吃完，不使鱼过饥或过饱。饲料能满足鱼类需要，加快鱼类的生长，降低维持性饲料的比例，提高生长性饲料的比例，从而降低饲料系数。

好：表示饲料的质量好，就是饲料要做到新鲜、适口和营养全面。满足鱼类生长的需要，杜绝投喂霉变饲料。

④投饵方法。投饵前，要对鱼进行驯化。先给以声响，再投饵，训练鱼到饵料台吃食。投料时应做到"慢、快、慢"，并保持一定的投喂时间。"慢、快、慢"是指在开始投料时应少量慢投，当有大量的鱼来摄食时，加快投喂速度，但不是一次性大量投入塘中，当摄食的鱼减少后，就应减慢投喂速度。投饵时要先投青饲料后投精饲料，防止抢食能力强的鱼抑制抢食能力弱的鱼，使抢食能力弱的鱼吃不到精饲料，而影响其生长。

饲料投喂方法主要有手撒和投饵机投喂两种。手撒的方法简便、灵活、节能，缺点是耗费人工较多。对鱼类进行驯化投喂，可减少饲料浪费，提高利用率。投饵机（图4-4）可自动投放颗粒饲料，适用于各类养殖池塘，一般0.5～1hm²池塘配备1台投饵机。自动投饵机是代替人工投饵的理想设备，它具有结构合理，投饵距离远，投饵面积大，投饵均匀等优点，大大提高饲料利用率，降低养殖成本，提高养殖经济效益，是实现机械化养殖的必备。

图4-4　投饵机

（二）水质管理

鱼类生活在水中，水域环境的好坏对鱼类的生活和生长有很大的影响。池塘水体中溶解氧主要来源于浮游植物光合作用产生氧气，浮游植物也是鲢、鳙等滤食性鱼类的天然饵料。因此，调节好水质是高产鱼池管理的重要措施之一。

1. 优良水质的标准　养鱼生产中所指的水质，是一个综合性的指标，判断优良的水质的标准，主要是4个方面，即是"肥、活、嫩、爽"。

2. 调节水质

（1）及时加注新水。经常及时地加注新水，是培育和控制优良水质必不可少的措施。加注新水可以增加水深、增加水中的溶解氧及提高水的透明度等，并保持池水的水质稳定。

放养初期，水池的深度应保持在1～1.5m，水浅水温高，有利于浮游生物的生长繁殖，以后逐步补水，高温季节水深应保持在2.5m以上。春季3～4月每10d补水1次；5～6月每周补水1次；6～9月每2d补水1次，每次补水量为水深增加10cm左右。补水是调节水质的重要措施之一，同时增加水中的溶解氧，一般补水应在清晨3时前后进行，此时水体中溶解氧含量最低。在补水的同时，要有一定的水质交换，一般排水集中在6～9月，每周排水3次，每次排水量为水体的1/20，每半个月大排1次，约占水体的1/5，以排出鱼池底层水为宜。

（2）定期施用生石灰。施用生石灰可直接增加营养物质，中和酸性物质，使池水呈微碱性，有利于硝化细菌和浮游生物的生长、繁殖。同时，起到改良水质和底质、对鱼类起到防病治病的作用。在7、8月的高温季节，每月泼洒1次，每次施用量每立方米水体为30～40g。

（3）采用水质改良机，充分利用塘泥。水质改良机有抽水、吸出塘泥作饲料地肥料、使塘泥喷向水面、喷水增氧等功能，可降低塘泥耗氧，充分利用塘泥，改善水质。

在鱼类生长季节，采用水质改良机械吸出过多淤泥或在晴天中午翻动塘泥，促进淤泥中的有机物氧化分解，用水质改良机将部分淤泥吸出，以减少耗氧因子。

目前，中国水产科学研究院渔业机械仪器研究所，研发了一款太阳能池塘水质调控机（图4-5）。该机以太阳能为动力，可光控和调控。在光照条件下，该设备可根据太阳光照情况将水体底层的絮状污泥或下层水体吸引施放到水体表层。该机具有降低底泥沉积、促进有机物分解和营养盐释放、肥水调水、水层交换增氧、改善水质和底质的作用。该机由太阳光动力装置、底泥提升装置和水面行走装置等组成，能在水面自由行走，不需要外接动力装置，池塘作业面积超过80%。

图4-5　太阳能池塘水质调控机

3. 合理使用增氧机　增氧机是一种比较有效的改善水质、防止浮头、提高产量的专用渔业机械，是精养鱼塘必备的生产设备之一，已在渔业生产中得到普遍使用。

（1）增氧机的作用。在食用鱼池中大多采用叶轮式增氧气机。它具有增氧、搅水和曝气等三方面的作用。虽然在运转的过程中同时完成，但在不同条件下，则以一个或两个作用为主。

①增氧。据测定，一般叶轮式增氧机每千瓦时能向水中增氧1.0～1.5kg，具体增氧效果与增氧机功率及负荷水面有关。当增氧机负荷水面较大时，如0.1～0.2hm²/（kW·h），其分配到池塘整个水体的增氧值并不高。因此，只能在增氧机水跃圈周围保持一个溶解氧较高的区域，使鱼集中在这一范围内，达到救鱼的目的。当增氧机负荷水面较小时，如0.05～0.08hm²/（kW·h），则池水增氧效果较为明显。

②搅水。叶轮式增氧机有向上提水的作用，有良好的搅水性能，开机时能造成池水垂直

循环流转，使池水的溶解氧在短期内趋于均匀分布。精养鱼池在晴天中午上、下水层的温差和氧差最大，此时开机，可以充分发挥增氧机的搅水作用。因此，宜晴天中午开机。

③曝气。增氧机运转时，通过水流动和液面更新，将池水中溶解的气体向空气中逸出。其逸出的速度与该气体在水中的浓度成正比，即某一气体在水中浓度越高，开机时就越容易逸出水面。因此，夜间和清晨开机能加速水中有毒气体（如 H_2S、CH_4、NH_3 等）的逸散。中午开机也加速了上层溶解氧的逸出速度，但由于其搅水作用强，故溶解氧逸出的量并不高，大部分溶解氧仍通过水流输送到下层。

（2）增氧机的类型及适用范围。增氧机的类型较多，我国已生产的增氧机有叶轮式、喷水式、水车式和射流式等类型，以叶轮式增氧机使用最为普遍。

①叶轮式增氧机（图4-6）。具有增氧、搅水、曝气等综合作用，是目前最多采用的增氧机，其增氧能力、动力效率均优于其他机型，但是运转噪声较大，一般适用于水深1m以上的大面积池塘养殖。

图4-6　叶轮式增氧机

②水车式增氧机（图4-7）。具有良好的增氧及促进水体流动的效果，适用于淤泥较深、面积1 000~2 540m² 的池塘使用。

图4-7　水车式增氧机

③射流式增氧机（图4-8）。其增氧动力效率超过水车式、充气式、喷水式等形式的增氧机，其结构简单，能形成水流，搅动水体。射流式增氧机能使水体平缓地增氧，不损伤鱼体，适合鱼苗增氧使用。

④喷水式增氧机（图4-9）。具有良好的增氧功能，可在短时间内迅速提高表层水体的

溶解氧量，同时还有艺术观赏效果，适用于园林或旅游区养鱼池使用。

图 4-8　射流式增氧机

图 4-9　喷水式增氧机

⑤微孔曝气增氧机（图 4-10）。微孔曝气增氧机主要由风机总成、浮体、管道总成、机架、软管及微孔曝气盘等组成。风机在电机的带动下，产生高压气体经管道输送到各个微孔曝气盘，并产生大量微细气泡（直径 $20\sim30\mu m$）从管壁溢出，形成雾化气流从水体底部向四周扩散。在扩散过程中释放溶解氧，解决了底层溶解氧偏低的问题。此外，该机在有效增加水体底部溶解氧的同时，能促进底部有毒有害物质的氧化分解（如氨氮、亚硝酸盐、硫化氢等），改善底部环境，促进池塘水质环境的改善。微孔曝气增氧适用于各类养殖水体，与叶轮式增氧机联合使用效果更佳。

图 4-10　微孔曝气增氧系统

（3）增氧机类型和装载负荷的确定。确定装载负荷一般考虑水深、面积、池形。长方形池以水车式最佳，正方形或圆形池以叶轮式为好；叶轮式增氧机每千瓦动力基本能满足 $2\,500m^2$ 水面成鱼池塘的增氧需要，$3\,000m^2$ 以上的鱼池应考虑装配 2 台以上的增氧机。

（4）安装位置。增氧机应安装于池塘中央或偏上风的位置，并用插杆或抛锚固定。安装叶轮式增氧机时，应保证增氧机在工作时产生的水流不会将池底淤泥搅起。另外，安装时要注意安全用电，做好安全使用保护措施，并经常检查维修。

（5）开机和运行时间。为发挥增氧机的效果，应运用预测浮头的技术，在夜间鱼浮头前开机，可防止池水溶解氧进一步下降，到天亮才停机。生产上可按溶氧量 2mg/L 为开机警戒线，也可依池中野杂鱼开始浮头作为开机的生物学指标。增氧机一定要在安全的情况下运行，并结合池塘中鱼的放养密度、生长季节、池塘的水质条件、天气变化情况和增氧机的工作原理、主要作用、增氧性能、增氧机负荷等因素来确定运行时间，做到起作用而不浪费。正确掌握开机的时间，需做到"六开三不开"。"六开"，即晴天午后开；阴天时翌日清晨开；

阴雨连绵时半夜开；下暴雨时上半夜开；温差大时及时开；特殊情况下随时开。"三不开"，即早上日出后不开；晴天傍晚不开；阴雨天白天不开。浮头早开，鱼类主要生长季节坚持每天开机。增氧机的运转时间，以半夜开机时间长、中午开机时间短，施肥、天热、面积大或负荷大，开机时间长，相反则时间短等为原则灵活掌握。

4. **防止鱼类浮头和泛池**　精养鱼池，投饲施肥量大，水中有机物质多，耗氧因素多，故耗氧量大。当水中溶解氧降低到一定程度，鱼类因水体缺氧而浮到水面，将空气和水一起吞入口内的现象称为浮头。吞入口内的空气在鱼鳃内分散成很多小气泡，小气泡中的氧溶于鳃腔中的水，增加溶解氧，有利于鱼的呼吸。如果水中溶解氧进一步下降，浮头现象更为严重，如不设法制止，就会引起鱼类窒息死亡。由于池塘缺氧而引起的池塘大批量死鱼的现象，称为泛池。鱼类浮头时不摄食，体力消耗很大，经常浮头严重影响鱼类生长，因此，要防止鱼类浮头的泛池的发生。

(1) 鱼类浮头的原因。造成池水溶解氧量下降，导致鱼类浮头的原因，有以下几方面：

①因鱼池上、下水层急剧对流引起的鱼类浮头。炎夏晴天，水温高，精养鱼池水质肥，白天浮游植物营光合作用释放大量氧气，至午后上层水产生氧盈。在风平浪静时，由于水的热阻力，上、下水层不易对流，水中溶解氧由表层往下层扩散速度慢，水底层耗氧得不到补充，池底沉积大量有机物质在厌氧菌的作用下产生很多氧债。傍晚后，如遇雷阵雨导致表层水温急剧下降或刮大风等原因，造成上、下水层急剧对流，上层溶解氧量较高的水迅速对流至下层，很快被下层水中的有机物耗尽，偿还氧债，而上层水含氧量降低后又得不到补充，使整个池塘的溶解氧量迅速下降，造成鱼类缺氧浮头。

②因水质过肥或败坏而引起浮头。夏、秋高温季节，池水温度高，加以大量投饵，水质肥，耗氧量高。水体透明度小，增氧层浅，耗氧层高。又长期不加注新水，水质过肥导致水色转黑，极易造成浮游植物因缺氧而大批死亡，水色转清并伴发臭(俗称臭清水)，引起鱼类浮头。

③因光合作用弱而引起浮头。由于阴雨连绵或大雾，光照条件差，浮游植物的光合作用强度弱，水中溶解氧补给数量少，而池水中各种生物呼吸和有机物分解又不断地消耗氧气，以致水中溶解氧供给不足，引起鱼类缺氧浮头。

④因浮游动物大量繁殖而引起浮头。由于水蚤、轮虫等浮游动物过度繁殖，大量滤食浮游植物，使池水转清，而浮游动物的呼吸作用大大增加，池水中溶解氧主要依靠空气溶入来补充，水中的溶解氧量不能满足耗氧需求，引起鱼类浮头。

⑤池塘中的鱼类密度过大，溶解氧供应不足引起浮头。

(2) 预测鱼类浮头的方法。鱼类浮头之前有一定预兆，可根据以下4个方面情况来预测：

①根据天气预报和当天天气情况进行预测。夏季晴天傍晚下雷阵雨，连绵阴雨，气压低，风力弱或大雾等，容易引起鱼类浮头。此外，久晴未雨，池水温度高，鱼吃食旺盛，水质肥，一旦天气转阴，翌晨可能浮头。

②根据季节进行预测。一般春季水温逐渐升高，鱼的摄食量增大，水质逐渐转浓，池水耗氧量增大。如遇天气突然变化，池鱼易发生"暗浮头"；夏季，尤其是梅雨季节，连续阴雨天气，日照条件差，浮游植物光合作用减弱，鱼类易发生浮头；秋季池鱼基本长成，池塘的鱼储量大，水质肥，虽气温逐日下降但池塘耗氧量也大，所以天气稍有变化也极易浮头。

③根据水色进行预测。池塘水色浓，透明度小，或产生"水华"现象。如遇天气突然变化，尤其是气温突然大幅度降低，容易造成浮游生物大量死亡，常会造成浮头，甚至严重浮头和泛塘。

④根据鱼的吃食情况进行预测。经常检查食场，当发现饵料在规定的时间内没有吃完，而又没有发现鱼病，可以断定水质不好，池塘溶解氧条件较差，第2天有可能浮头。此外，可观察草鱼摄食情况来判断。在正常情况下，一般草鱼在食场上摄食，只能见到草堆在翻动或草被拖至水下；如果草鱼仅在草堆边吃食，甚至嘴衔住草，满池游动，这是池塘已经缺氧，即将发生浮头。

生产案例

成都市近郊一新建鱼种站，在1993年7月下旬某下午，天气闷热无风，养殖工人在15：00左右对食用鱼池进行饲料（当年的饲料均为沉性配合颗粒饲料）投喂时发现鱼基本不摄食，近邻开展钓鱼的池塘，钓鱼顾客即使用水蚯蚓等鲤、鲫喜食的饵料也难以使鱼上钩。渔场因新建，所雇工人均为附近无渔业生产经验的农民，在发现鱼不吃食的异常情况后没有及时向技术员汇报，反将饲料全部倾倒入鱼池。翌日2：00左右，值夜班的工人发现3个食用鱼池的鱼类已经浮头，该场水源为河水，需用抽水机注水。紧急开启抽水机拟对浮头鱼池进行加注新水急救，发现抽水机损坏无法使用，站内仅有的1台备用抽水机，功率仅1.5kW，抽水增氧效果太低。3：00左右，浮头鱼陆续死亡，由浮头演变为泛池事故的发生，3个食用鱼池共泛池死鱼4 250kg。

（3）鱼类浮头的预防。

①池水过于浓时，应及时加注新水，增加水中溶解氧，改善水质。

②如果天气连绵阴雨，应经常、及时加开增氧机，以增加池塘溶解氧量。

③夏季如果天气预报傍晚有雷阵雨，则在中午加开增氧机，尽可能多地将高氧水送入底层，消除氧债。即使傍晚下雷阵雨，引起上、下水层对流，但下层水的氧债少，溶解氧不至于急剧下降。

④当预测鱼类可能浮头时，要停止施肥，并要控制投饵量，在下午投饵料必须吃净，不吃夜食，把已投放的草料捞起。

（4）鱼类浮头轻重的判断。鱼类浮头轻重的程度，主要根据鱼类开始浮头的时间、浮头地点、浮头水面的大小以及浮头鱼的种类来判断。

①浮头开始时间。浮头在黎明开始为轻浮头，日出后浮头会缓解和停止。如在半夜或上半夜开始为重浮头，浮头会越来越严重。因此，浮头开始得越早越严重。

生产案例

成都市双流县某渔场，一面积约1hm² 的食用鱼池，上午鱼类摄食正常，中午天气突变，下午投饵时发现鱼基本不摄食，20：00池鱼即浮头。因鱼池面积大，池鱼量多，虽采用抽水机提灌供水增氧，但因浮头时间早，抽水机供水量有限，最终导致池鱼泛池死亡。

②浮头的范围。鱼在池塘中央部分浮头，为轻浮头；如浮头范围扩及池边，整个池面都有鱼浮头为较重浮头。

③鱼受惊时的反应。浮头的鱼稍受惊动（如击掌或夜间用手电筒照射池面）即下沉，稍停又浮头，表示浮头较轻；如鱼受惊动时不下沉，说明水中已极度缺氧，为严重浮头。

④浮头鱼的种类。由于各种鱼类耐低氧的能力不同，缺氧浮头的顺序不一样，可根据不同种类鱼的浮头判断浮头的轻重。小杂鱼和虾在岸边浮头，鳊、鲂浮头，为轻浮头；鲢、鳙浮头，为一般性浮头；草鱼、鲮、青鱼浮头，为较重的浮头；鲤浮头则更重。如果草鱼、青鱼在岸边，鱼体集中在浅滩上，无力游动，体色变淡，并出现死亡，说明将开始泛池。

（5）解救浮头的措施。发生浮头时应及时采取冲水、开增氧机等增氧措施。增氧机解救浮头较水泵好一些，但两者没有根本区别，只能提高局部区域的溶解氧量，起到集鱼、救鱼的作用。在采用冲水措施时，由于池塘水体大，水泵的流量有限，应将设置水泵的出水口平行于水面，使水泵的出水冲出 1 条长水流，浮头鱼群能聚集在这股溶解氧高的水流处，以减少死鱼。

发生严重浮头或泛池时，可采用化学增氧法，其增氧救鱼效果迅速。一般采用直接撒复方增氧剂，其主要成分为过碳酸钠（$2NaCO_3 \cdot H_2O$）和沸石粉，含有效氧为 $12\% \sim 13\%$。使用方法以局部水面为好，将该药粉直接撒在鱼类浮头最为严重的水面，浓度为 $30 \sim 40mg/L$。一般 30min 后就可平息浮头，有效时间可保持 6h。

用增氧机或水泵解救鱼浮头时，一般冲水和开增氧机要待日出后，浮头完全缓解才能停机停泵，切勿中途停机、停泵，以免浮头的鱼又分散到池边，不易再引集到水流处，会加速浮头死鱼。

当发生泛池时，鱼类在极度缺氧的情况下，消耗很大，几乎呈昏迷状态，池边严禁喧哗，人不要走到池边，也不必捞取死鱼，以防浮头的鱼群受惊死亡。只有待开机、开泵后，才能捞取个别即将死亡的鱼，将它们放在溶解氧较高的清水中抢救。

发生泛塘后，待鱼浮头停止，要及时捞出死鱼，以防败坏水质。

小贴士

针对上述 2 个泛池死鱼案例提出以下预防措施：

①在发现下午投喂鱼不吃食时应立即停止投喂，并将该事件报告技术人员。

②及时测定池塘中溶解氧量，查明吃食异常的原因。

③检测抽水和增氧设备，做好浮头急救的准备工作。

④根据水中溶氧量，确定增氧方案和增氧时间。

在上述事件中，应在发现鱼类不吃食，并分析出是因缺氧造成后，即开展加注新水、开动增氧机等增氧的工作。对缺氧严重的池塘，应采取大排大灌的排注水方法提高整个池塘储氧量，最好是换掉池塘的底层水。

（三）日常管理

1. 巡塘 巡塘是对养鱼工作的综合检查，是池塘养鱼过程中不可缺少的环节，是及时发现问题的有效办法。经常巡视池塘观察动态，看鱼的活动是否正常，有无病症，生长情况，浮头情况，定期检查鱼情，做好记录。

坚持经常巡塘，每天至少早、晚各巡塘 1 次，白天结合鱼的投饲进行巡察，严防突发事件。黎明是一天中溶解氧最低的时候，要检查鱼类有无浮头的现象，浮头程度如何；观察天气异常变化（如阴天、大风、闷热、有雾等）对池鱼、池水的影响。白天巡塘，结合投饲和测水温等工作，检查池鱼活动、吃食和水质情况，观察水质变化，尤其是水生生物、pH、溶解氧量的变化。傍晚检查全天吃食和残饵情况，观察鱼的活动情况、有无异常反应、病害及有无死鱼，观察有无浮头预兆。在高温季节，在天气突变时，鱼易发生严重浮头，为了及时制止浮头，还应在半夜前后巡塘，防止鱼类泛塘事故的发生。

高温季节，若下午鱼的摄食量减少甚至不摄食，则鱼类可能会在半夜浮头，要提前做好抽水、增氧等准备工作，并增派专人值班，随时观察鱼的活动。

2. 建立池塘档案，做好池塘日志　池塘日志是有关养鱼措施和池鱼情况的简明记录，是据以分析情况总结经验、检查工作的原始数据，作为改进技术、制订计划的参考，必须以池塘为单位做好日志。池塘日志也可以为经营管理、成本核算提供可靠的数据。

每口鱼池都应有池塘日志，主要记载每天在各池塘进行的各项工作和观察到的各种现象。池塘日志的内容，应包括日期，天气，水温，投饵与施肥的种类、数量，注排水的时间和数量，鱼群吃食、活动情况，水色、透明度的变化，鱼体观察和鱼病防治的记录等常规项目。还应包括池塘清整、鱼种放养的品种、规格、数量，鱼类起捕种类、数量和规格，死鱼、逃鱼等偶然发生的事项。此外，在鱼类主要生长季节，应定期检查生长情况（一般每月1次），以便了解养鱼实施的效果，及时采取相应措施，加速鱼类生长。池塘档案的记录可参照表4-16。

表 4-16　池塘养殖档案记录表

池号			池塘面积		饲料		
养殖品种	放养			收获			
	规格	尾数	重量	规格	尾数	重量	
池塘日志							
日期	天气	饲料投喂量	发病情况	用药情况	其他		

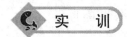
实　训

实训项目　**参观食用鱼养殖场**

1. 实训时间　1d。

2. 实训地点　食用鱼饲养场。

3. 实训目的　了解食用鱼池的放养模式；了解食用鱼池水质管理技术措施；见习并了解食用鱼池投饵技术；了解食用鱼池常见设施设备及使用技术。

4. 实训内容与要求

（1）参观食用渔场整体布局，进排水系统。

（2）用试剂盒快速测定 5 个食用鱼池的水温、透明度、氨氮、亚硝酸盐、pH。

（3）观察池塘水色，直观判断池塘水质优劣。

（4）参观食用鱼池投饵，并了解投饵机的使用方法。

（5）同渔场技术人员座谈，咨询食用鱼养殖技术。

5. 实训总结　池塘养殖食用鱼技术总结 1 份。

综合测试

1. 解释名词　养鱼周期　食用鱼饲养　放养收获模式　主养鱼　配养鱼　轮捕轮放　氧债　浮头　泛池　饵料系数　日投饵率

2. 填空题

（1）养鱼的四定投饵原则是_____、_____、_____、_____。投饲技术中的三看是指_____、_____、_____。

（2）轮捕轮放的具体操作技术措施有_____、_____、_____。

（3）"八字精养法"是指_____、_____、_____、_____、_____、_____、_____、_____。其中，_____、_____、_____是养鱼的 3 个基本要素，是池塘养鱼的物质基础；_____、_____、_____是池塘养鱼高产、高效的主要技术措施；_____、_____是池塘养鱼高产、高效的根本保证。

（4）根据渔民看水色的经验，认为水质良好的鱼池应具有_____、_____、_____、_____的表现。

（5）叶轮式增氧机具有_____、_____、_____的作用。

3. 选择题

（1）日投饵量等于日投饵率乘以（　　）。

　　A. 总投饵量　　　　B. 空放养量　　　C. 鲤在塘量　　　　D. 鱼种重量

（2）在草鱼亲鱼与鲢亲鱼的搭配上，可按照渔谚"一草养（　　）鲢"。

　　A. 1　　　　　　　B. 2　　　　　　　C. 3　　　　　　　D. 4

（3）有氧债的池塘风雨过后泛池的主要原因是（　　）缺氧。

　　A. 上层　　　　　　B. 下层　　　　　C. 中层　　　　　　D. 全池

（4）在不增加饲料、肥料的情况下，成鱼池套养鱼种每千克吃食鱼可增加（　　）kg 鲢、鳙种产量。

　　A. 0.1　　　　　　B. 0.4　　　　　　C. 0.6　　　　　　D. 1

（5）养殖鲤科鱼类无胃，投饵应（　　）。

　　A. 一次投足　　　　B. 少量多次　　　C. 大量多次　　　　D. 随时投喂

（6）较好的鱼种混养搭配是（　　）。

　　A. 鲢与鳙　　　　　B. 草鱼与青鱼　　C. 草鱼、鲢、鲤　　D. 鲤与鳙

（7）（　　）实际投饵量主要根据季节、水色、鱼吃食而定。

　　A. 每时　　　　　　B. 每天　　　　　C. 每月　　　　　　D. 每年

（8）下列叙述中不正确的是（　　）。

A. 凡是与主体鱼在食饵竞争中有矛盾的鱼种一概不混养

B. 池塘条件好,饵料条件充足,养鱼技术水平高,配套设备好,就可以增加放养量

C. 主体鱼与配养鱼同时下塘

D. 夏花放养的密度,主要依据食用鱼水体所要求的放养规格而定

(9) ( ) 是养鱼生产的三大要素。

　　A. 水　　　　　　　B. 种　　　　　　　C. 饵　　　　　　　D. 水、种、饵

(10) 日投饲量一般以鱼类 ( ) 的百分数表示,称为投饲率。

　　A. 体重　　　　　B. 体长　　　　　C. 消化率　　　　　D. 粪便重量

(11) 天气炎热、突变时,易发生严重浮头,夜间巡塘防止 ( ) 发生。

　　A. 浮头　　　　　B. 剩饲　　　　　C. 泛池　　　　　D. 活动

(12) 巡视池塘的目的 ( )。

　　A. 及时防止严重浮头　　　　　　B. 驱除鸟兽敌害,避免损失

　　C. 掌握水量,防止鱼类逃跑　　　　D. 观察鱼群,测定其数量

(13) 关于巡塘的次数,下列说法不正确的是 ( )。

　　A. 每天巡塘 1 次　　　　　　　B. 每天早、中、晚巡塘 3 次

　　C. 每天早晚巡塘 2 次　　　　　　D. 如无特殊情况,不必巡塘

(14) 鱼池的清洁工作包括 ( )。

　　A. 换水,使水质清洁

　　B. 清除过多的淤泥,用药物杀灭害鱼、害虫

　　C. 清除池塘中所有的浮游动植物

　　D. 以上都包括

(15) 在 ( ) 预测将会发生浮头时,应减少投饵,并把傍晚前没有吃完饵料全部捞出。

　　A. 中午、晚上　　　　　　　　B. 下午、晚上

　　C. 晚上、翌晨　　　　　　　　D. 下午、翌日中午

(16) 池底曝晒的作用为 ( )。

　　A. 杀死许多害虫和鱼类寄生虫　　　B. 提高池塘肥力

　　C. 杀死致病细菌　　　　　　　　D. A+B+C

(17) 鱼池喷泥应选择晴天中午喷泥 ( ),最迟应在 15:00 以前结束。

　　A. 2h　　　　B. 6h　　　　C. 8h　　　　D. 4h

4. 简答题

(1) 何谓混养、套养?

(2) 何谓轮捕轮放? 轮捕轮放有哪些优点?

(3) 何谓"四定"投饵原则?

(4) 试述鱼类浮头原因。如何预测、预防和解救浮头?

(5) 增氧机有哪些作用原理? 如何合理使用增氧机?

5. 综合题　有一鱼池,面积为 $1hm^2$,配有 3 台功率为 2kW 的增氧机,池塘平均水深为 2.5m,请确定一个以草鱼为主养鱼、每 $667m^2$ 毛产鱼 1 000kg 的放养和收获模式。

05 模块五 稻 田 养 鱼

稻田养鱼是根据生态经济学的原理，利用稻田的浅水条件既种稻又养鱼，以水稻为主体，发挥稻鱼互利共生的作用，达到了稻谷增产、鱼类丰收的目的，形成"稻田养鱼鱼养稻，粮食增产鱼丰收"的良性农业生态系统。

我国是目前世界上已知最早进行稻田养鱼的国家，早在 2 000 多年前的东汉时期，陕西的汉中、勉县及四川的新津县等地都已盛行稻田养鱼。1 700 年前三国（220—265 年）《魏武四时食制》是稻田养鱼最早的记载："郫县子鱼黄鳞赤尾，出稻田，可以为酱。"1949 年以前，我国稻田养鱼主要分布在四川、贵州、湖南、江西、广东、浙江和福建等省的丘陵山区，多为冬闲田、冷浸田。改革开放 30 多年来，我国稻田养殖发展很快。到 2010 年，我国稻田养殖面积达 132.6 万 hm^2，年生产水产品达 124.27 万 t，占淡水养殖总产量 5.30%。从发展趋势看，稻田所生产的水产品产量已接近全国湖泊养殖的总产量（153.66 万 t，占淡水养殖总产量 6.55%）。

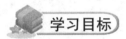

了解稻田养鱼的原理、特点及条件，掌握稻田养鱼技术。

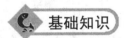

一、稻田养鱼的原理

稻田是一个人工生态系统，以水稻为中心，与它共生的有昆虫、杂草、敌害生物等。在水稻种植过程中，人们向稻田进行施肥、注水等生产管理，但是稻田内的许多营养都被与水稻共生的动、植物等所猎取。在不养鱼的情况下，稻田里的这些动、植物绝大多数有害无益，造成水肥浪费。在稻田生态体系中放进鱼（虾、蟹）后，整个体系物质和能量转化发生了变化。稻田养鱼后，鱼类吃掉田中大部分杂草、萍类、浮游植物及浮游动物、水生昆虫、底栖动物等，为鱼类提供了一个良好的栖息生长环境和丰富的饵料生物资源，促进鱼类生长发育。鱼类在稻田中活动觅食，翻动土层，改善土壤结构，加速肥料和有机质的分解；鱼类每天排出的二氧化碳是水生植物的碳源，每天排出的大量粪便是水稻的优质肥料；鱼类为水稻的生长起到了松土、除草、施肥、治虫的作用，有利于水稻的生长（图 5-1）。实践证明，稻田养鱼一般可使水稻增产 5%～10%，每公顷稻田可产鱼 400～500kg。

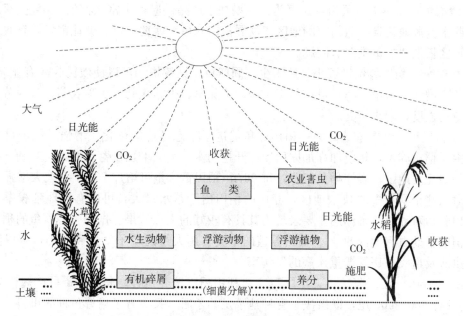

图 5-1　养鱼稻田中各种生物之间的关系示意图

(引自戈贤平,《池塘养鱼》, 2009)

二、稻田养鱼的特点

稻田是一类特殊的水体,其特点是:

(1) 水温受气温的影响甚大,在夏季烈日照射下,有时水温可高达 40℃。

(2) 水位波动大,鱼类活动空间小,浅水期水深只有3～4cm,深水期也只有12～15cm。

(3) 溶解氧量高,因水浅田水的交换量大,氧气能及时补充,空气中的氧气也容易溶入稻田中。

(4) 稻田内饵料生物资源种类多而且丰富,除了有浮游生物、底栖动物、水生昆虫、水生维管束植物外,还有丰富的有机碎屑。

(5) 病害少,稻田水质肥而清爽,含氧量高,鱼类的放养密度低,水体中病原生物少,鱼类患病几率低。

三、稻田养鱼的优点

稻田养鱼,将鱼类养殖与种植有机结合在一起,稻鱼共生互利,使稻田的生态系统从结构和功能上都得到合理的改造,以发挥稻田的最大生产潜力。稻田养鱼的目的,在于充分利用稻田中的一切生物和非生物资源,使之转化为稻和鱼,以提高稻田生产的经济、生态和社会效益。稻鱼结合,有利于改善农田生态系统的结构与功能。主要有以下 5 个优点:

1. 改善水田的生态环境　稻田养鱼可以改善水田的生态环境,提高土壤肥力,减少杂草,增加透光性,促进水稻增产。稻田养鱼是一种内涵扩大再生产,是对国土资源的再利用,不需额外占用耕地就可以生产水产品。各地经验表明,发展稻田养鱼不仅不会影响水稻产量,还会促进水稻增产。养鱼的稻田一般可增加水稻产量 5％～10％,较高的增产 14％～24％。

2. 增加水产品供应　稻田养鱼可为社会增加水产品供应，丰富人们的"菜篮子"。尤其是在一些水资源缺乏且交通闭塞的地区，发展稻田养鱼，就地生产、就地销售，有效地解决了这些地区长期"吃鱼难"的问题。

3. 效益高　稻田养鱼投资小，用工少，周期短，见效快，可以使农民收入有显著增长。稻田养鱼既增粮又增鱼，而且可使稻田免耕、不除草、少施化肥、少喷农药，节约劳力，降低种稻劳动强度，增收节支。

4. 增强抵御自然灾害的能力　稻田养鱼促进了生态环境的优化，增强了抵御自然灾害能力。由于稻田养鱼，相应加高加固田埂，开挖沟凼，大大增加了蓄水能力，有利于防洪抗旱。在一些丘陵地区，实施稻鱼工程，每 667m² 稻田蓄水量可增加 200m³，大大增强了抗旱能力。对一些干旱较多的缺水地区，养鱼的稻田由于蓄水量大，可以有效地延缓旱情。此外，稻田养鱼对环境改善作用主要表现为其具有较好的灭虫效果。据测验，养鱼的稻田比不养鱼稻田蚊子幼虫密度低 80%。稻田养殖的鱼类食用大量的蚊子幼虫和螺类，可以降低疟疾、丝虫病及血吸虫病等严重疾病的发病率。

5. 为塘、库、湖、堰提供充足的鱼种　利用稻田培养鱼种，每 667m² 可产规格为 13～15cm 的鱼种 300～400 尾，既解决了育种池不足的矛盾，又节省了培育鱼种的饵料，从而大大降低了养殖成本。

四、养鱼稻田应具备的基本条件

凡是水源充足、水质良好、保水能力较强、排灌方便、天旱不干、山洪不冲的稻田都可以养鱼。特别是山区，必须选择那些既有水源保证、阳光充足，又不被洪水冲的稻田，才能做到有养有收。为了获取较高的稻鱼产量，降低生产成本，养鱼稻田最好具备下列条件：

1. 水源水质条件　凡是水源充足、排灌方便、雨季不易淹没、旱季不易干涸、水质清新无污染的稻田均可养鱼。

2. 稻田保水力强，土质肥沃　以选择肥力高、保水能力强、pH 呈中性或微碱性的壤土或黏土为好；沙土保肥保水能力差，田间饵料生物少，贫瘠，养鱼效果差；选 pH 在 5.6 以下的酸性土壤养鱼时，应结合翻耕，施用适量的石灰，使土壤的酸性得以中和。要求稻田田底、田埂都不能渗漏，并能控制水位。

3. 阳光充足　养鱼稻田要求阳光充足，四周无高大树木，以保证稻田中各种饵料生物的繁生。

五、稻田养鱼的类型

1. 按水稻种植类型和鱼的关系划分

（1）稻鱼兼作。既种稻又养鱼的稻鱼共生类型，水稻与鱼类共同生活在稻田中，这是目前最主要的稻田养鱼方式。这种生产方式可以较好地利用时间和空间，以及物质、能量资源，达到稻鱼互利的目的。这种生产方式需要处理好稻鱼矛盾。一般鱼可达 225kg/hm² 以上，管理良好的可达 750kg/hm²，稻谷可增产 5%～15%。为了避免鱼类在田中的生长期相对较短，出田规格偏小，稻鱼兼作一般以培育鲤、草鱼等大规格鱼种为主。

（2）稻鱼轮作。养鱼与种稻分开，种稻时不养鱼，养鱼时不种稻的种养方式。稻鱼轮作一般选择低洼田或畜禽危害严重收成极差的田，在福建广东一带很流行这种方式。这类稻田较深，类似池塘养鱼，产量较高，管理也方便，避免了稻鱼兼作时施化肥、喷农药、烤田等时期与鱼的矛盾。稻鱼轮作期间一般不除草，少喷或不喷农药，待水稻收割放鱼后，杂草和害虫便成了鱼的饵料。

（3）稻鱼连作养殖法。稻鱼连作，即前两种生产方式的综合形式。在养殖的前期为稻鱼共生方式，在养殖的后期即水稻收割时，使鱼在鱼沟、鱼溜中栖息，待水稻收获后，再灌深田水进行池塘式的养鱼。此种方法最大限度地延长了鱼类在田中的生长期，避免了前两种养殖法的缺点，鱼产量一般都较高。但该养殖法对稻鱼工程有较高的配套要求。

2. 按稻田养鱼工程类型划分 传统稻田养鱼由于不开鱼沟、鱼溜，采取平板式养鱼，鱼类栖息的水体小，环境差，鱼只能依靠数量有限的天然饵料，夏天高温、施肥撒药或遇到敌害时无法避栖，使得稻鱼矛盾无法解决。近年来，在养殖技术和养殖工程设施上因地制宜地改革创新，开发了多种稻-鱼结合新形式。

（1）垄稻沟鱼式。垄稻沟鱼式（图5-2、图5-3）又称半旱式稻田养鱼。此形式适用于长期淹水的冬水田、冷浸田、烂泥田等排水不良的水田。具体形式是田间开沟起垄，垄上可种植水稻、小麦、蔬菜、油菜等，沟内保持一定水位，水中养鱼、养虾、养萍等。起垄以南北向为宜，以免夏季当西晒时水温过高，不利于鱼的生长。半旱式稻田养鱼鱼产量很高，因沟凼面积大，且沟深、蓄水多。同时，水稻产量起垄后土壤的通气性改善了，沟中的水又能保持土壤的湿度，对水稻的根系发生有利，水稻的产量也增加了。

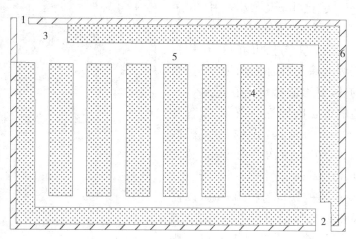

图5-2　垄稻沟鱼平面图
1. 进水口　2. 出水口及拦鱼栅　3. 鱼凼　4. 垄　5. 鱼沟　6. 田埂

图5-3　沟垄式养鱼稻田

（2）田凼式或田池式。一般方法是，在田边或田内挖凼，再在稻田中开鱼沟并与鱼凼相通（图5-4）。凼深1～1.5m，沟深0.25～0.50m，沟、凼面积占农田总面积的5%～7%。凼不仅能蓄水防旱，而且可作鱼类育种池。早稻插秧后，将凼中的鱼引入，使鱼可通过鱼沟自由出入；早稻收割时，将田鱼全部集中入凼，收割后，整理稻田，插两季秧，开好鱼沟，再将凼中的鱼放回稻田。这种生产方式既具有池塘高产精养的特点，又充分利用稻田的生态条件。苗种放养量为夏花鱼种 4.5 万～7.5 万尾/hm²，或冬片鱼种4 500～7 500尾/hm²。

（3）宽沟稻田养鱼。在稻鱼工程上除加高加固田埂、开挖鱼沟外，突出的特点是在进水口一边的田埂内侧挖一条深、宽各为1～2m 的宽沟，占农田面积的5%～10%。宽沟的内埂高、宽为26cm×23cm，每隔3～5m 开一个20cm 宽的缺口与稻田串通，以便鱼在宽沟和稻田内自由进出（图5-5）。这种方式可以提前在春耕之前将鱼放在宽沟暂养，放冬片4 500～7 500尾/hm²，待早稻秧苗返青后，放鱼进入大田觅食。

（4）流水沟式稻田养鱼。此方式适用于排灌条件较好、水源充足的稻田。它利用流水养鱼的原理，在稻田中挖 1～2 条宽沟，利用水的流向，进行稻田宽沟微流水养鱼。沟的大小、形态依据

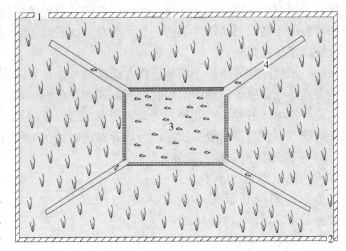

图 5-4　田凼式稻鱼工程平面示意图
1. 进水口　2. 出水口及栏鱼栅　3. 鱼凼　4. 鱼沟

图 5-5　宽沟式养鱼稻田

田块大小而定，一般规格为宽 1～1.5m、深 0.6～1m，占田块面积的 4%～6%。

（5）稻—萍—鱼综合利用。这是将传统的稻田养萍和稻田养鱼技术有机结合的一种方式，形成垄面种稻、水面养萍、水中养鱼、以萍喂鱼、鱼粪肥田的综合经营模式。还可在坑堤、田埂上种植瓜豆，从而形成多层次结构的立体种养方式。此方式技术关键是：①垄作免耕，化肥全层施用；②协调好养萍与养鱼关系，早春宜放养细绿萍。

岗位技能

一、养鱼稻田工程建设

1. 加高加宽田埂　为防止田埂漏水和暴雨冲塌田埂导致逃鱼，同时为了预防黄鳝、鼠

类的危害，放鱼前要加高加固田埂。因此，稻鱼工程建设时，必须将田埂加高增宽，必要时采用条石或三合土护坡。田埂高度视不同地区、不同类型稻田而定：丘陵地区应高出稻田 40～50cm，平原地区应高出稻田 50～70cm，冬闲水田和湖区低洼田的田埂应高出稻田 80cm 以上，田埂顶宽 50cm 以上。

2. **开挖鱼凼、鱼沟** 为了满足水稻浅灌、晒田、施药治虫、施化肥等生产需要，或遇干旱缺水时，使鱼有比较安全的躲避场所，必须开挖鱼凼和鱼沟。开挖鱼凼和鱼沟，是稻田养鱼的一项重要措施。鱼凼是关键性设施，最好用砖或条石砌，也可用三合土或渔用塑料膜护坡。鱼凼面积占稻田总面积的 8% 左右，每田 1 个，由田面向下挖深 1.5～2.5m，由田面向上筑埂 30cm，鱼凼面积 50～100m²。田块小者，可几块田共建一凼，平均每 667m² 稻田拥有鱼凼面积 50m² 左右。鱼凼位置以田中为宜，不要过于靠近田埂，每凼四周有缺口与鱼沟相通，并设闸门可随时切断通道。宽沟式稻田养鱼以沟代凼，同样以鱼凼的要求设计和施工，其面积可按稻田面积 5%～10%设计，沟宽 1.5～2.5m、深 1.5～2.5m，长度则按田块而定，其位置可横贯田中部或田边，但离田埂应保持 80cm 以上距离，以免影响田埂的牢固性。

鱼沟，是鱼从鱼凼进入大田的通道。早稻田鱼沟一般是在秧苗移栽后 7d 左右，即秧苗返青时开挖。晚稻田可在插秧前挖好，鱼沟宽 60cm、深 50cm，田埂面积 667m² 以下，开条纵沟连接鱼凼。667m² 以上可挖成十字形、井字形或目字形等不同形状（图 5-6）。

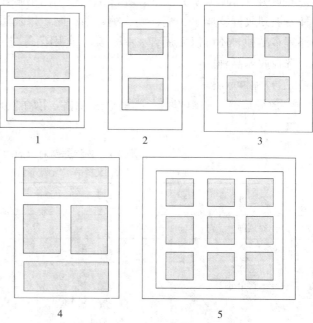

图 5-6 鱼沟示意图
1. 目字形鱼沟 2. 日字形鱼沟
3. 田字形鱼沟 4. 工字形鱼沟 5. 井字形鱼沟

3. **开好进、排水口** 稻田养鱼要选好进、排水口。进、排水口的地点应选择在稻田相对两角的田埂上，这样进、排水时，可使整个稻田的水顺利流转。进、排水口要设置拦鱼栅，避免跑鱼，拦鱼栅可用竹、木、尼龙网、铁丝网等制作，安装时使其呈弧形，凸面向田内，其间隔大小以鱼逃不出为准。拦鱼栅要比进、排水口宽 30cm，拦鱼栅的上端要超过田埂 10～20cm，下端嵌入田埂下部硬泥土 30cm（图 5-7）。

4. **搭设鱼棚** 夏热冬寒，稻田水温变化很大，虽有鱼溜、鱼沟，

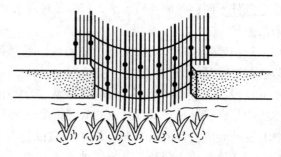

图 5-7 拦鱼栅
（引自戈贤平，《池塘养鱼》，2009）

对鱼的正常生活仍有一定影响。因此，可在鱼溜上用稻草搭棚，让鱼夏避暑、冬防寒，以利鱼正常生长。此外，稻田养鱼还需要一些必备的简单渔具和用具，如罾、鱼撮子、小抄网、小提桶和装运鱼的水桶、鱼盆等。

二、稻田养鱼生产技术

（一）养殖种类的选择

稻田作为养鱼水体来看，特点不同于池塘、湖泊。稻田水浅受气温影响大，盛夏时水温有时可达40℃。在饵料方面，稻田中杂草、昆虫和底栖动物较多，浮游生物较少，所以，稻田中适宜养殖耐浅水、耐高温、性情温和、不易外逃而又是杂食或草食性鱼类。近年来，稻田养鱼引进了池塘精养技术，养殖工程和工艺革新，已从过去只是养鲤、鲫和草鱼等少量品种发展到放养罗非鱼、鲢、鳙、鳊、鲂、鲇，以及河蟹、泥鳅、罗氏沼虾、青虾、克氏原螯虾等多品种，还可以发展萍、笋、菜、食用菌等进行综合养殖。不同地区可根据不同情况，选择放养品种。

（二）鱼种放养

1. 放养规格 稻田养殖鱼类的放养规格，以在较短的饲养期内达到所要求的养成规格为准（表5-1）。

表5-1 各种养殖对象的放养规格

（引自戈贤平，《池塘养鱼》，2009）

养殖方式	放养种类	放养规格
养鱼种		一般放养3～4cm的夏花
养食用鱼	鲤、鳊	以6.5～8.5cm为宜，9cm以上更好
	草鱼	以13～16cm为宜，20cm以上更好
	鲢、鳙	以10～13cm为宜，20cm以上更好
	鲫、鲮、胡子鲇	以1冬龄鱼种为好
	罗非鱼	宜用越冬后鱼种

2. 放养时间 当年鱼种应力争早放，一般在秧苗返青后即可放入，早放可延长鱼在稻田中的生长期。放养隔年鱼种不宜过早，约在栽秧后20d左右放养为宜。放养过早鱼会吃秧，过迟对鱼、稻生长不利，晚稻田养鱼，只要耙田结束就可投放鱼种。

3. 放养密度 稻田养鱼类型不同，鱼类在稻田中的生长期长短也有差异，加上各种稻田的生态条件不同、各地养殖水平、饲养品种、水稻栽培技术以及鱼产量的不同，其放养量也有较大差异。

（1）稻田繁殖鱼苗和培育夏花的放养量。选择条件较好的稻田，注水15cm左右，鲤、鲫可以直接放入稻田产卵繁殖鱼苗；也可放入粘有鲤、鲫卵的鱼巢，一般每667m^{2}放30万～40万粒卵，鱼苗孵出3d后取出鱼巢。孵化出的鱼苗仍留在原田，或将部分鱼苗移到其他水田中培育成夏花。培育夏花的放养量为每667m^{2}放3万～5万尾。

（2）夏花养成鱼种的放养量。在不喂食的情况下，每667m^{2}放养夏花1 000～2 000尾，稻谷收割时能培育成10cm左右的鱼种。放养比例是：草鱼、团头鲂占70%，鲤、鲫各占10%，鲢、鳙各5%；有的鲤、鲫占70%左右，草鱼占30%左右；也有以放养罗非鱼为主，占50％左右，青鱼、草鱼、鲢、鳙、鳊占50％。一般每667m²鱼产量可达15～25kg。在投饵精养情况下，一般每667m²鱼产量可达50kg左右。如果稻田土壤为微酸性（如广西山区），饵料生物基础差，放养数量则应减少至每667m²放养夏花400～800尾（表5-2）。若培育冬片鱼种，每667m²可放养草鱼夏花1 000～2 000尾，并搭配鲢、鳙夏花100～200尾，鲤夏花200尾。收获时草鱼、鲢、鳙能长至20～26cm。

表5-2　各地夏花放养情况

地点	放养				收获	
	时间	种类	规格（cm）	数量（每667m²，尾）	时间	规格（cm）
江西萍乡	芒种	草鱼	2.7～3.3	200～250	大暑	11.6～13.2
	芒种	鲤	2.0～2.7	300～500	大暑	8.3～10.0
广西	4月下旬	鲤	2.7～5.0	400～500	7月下旬	13.2
浙江淳安		草鱼	2.6～3.3	1 923		13.2～14.9
湖南桃源	5月27日	草鱼	夏花	1 293	7月28日	10.0～13.2
四川南充	4月下旬	鲫	夏花	300～500	8月底	50～100g

（3）鱼种养至食用鱼的放养量。饲养食用鱼，以选择深水田和冬闲田为好。例如，四川大足县在2 000m²冬水田内放入鲤夏花300尾和1龄鲤种460尾，10cm以上草鱼种200尾。稻谷收割后经常投喂草料，9月起增投精饲料，年终平均每667m²产鱼145kg。其中，草鱼平均尾重800g，鲤尾重600g。鱼种养至食用鱼的放养量可参考表5-3。

表5-3　鱼种养至食用鱼每667m²放养量
（引自戈贤平，《池塘养鱼》，2009）

养殖方式	放养	备注
以草鱼、鲢、鳙为主	草鱼20～21尾，鲢51尾，鳙18～21尾，鲤20～25尾，罗非鱼45尾	放养规格为6cm，其中，罗非鱼规格3cm
以鲤、鲫为主	鲤120～130尾，鲫120～130尾，草鱼40～60尾 鲤100尾，鲫250尾，草鱼50尾	
以罗非鱼为主	罗非鱼200尾，鲢5尾，鳙15尾，鲤33尾，银鲫12尾 罗非鱼200尾，草鱼20尾，鳙10尾，鲢9尾，鲤33尾，银鲫12尾 罗非鱼400～500尾，草鱼30～80尾，团头鲂30～50尾，鲤20～30尾，或搭养少量鲢、鳙	

4. 放养注意事项

（1）必须等清池药物的药性完全消失后才能放苗，否则会造成鱼苗大量死亡。如用化肥做底肥的稻田，也应在化肥毒性消失后再放鱼种。放鱼前先放试水鱼，如不发生死亡就可放养。

（2）放养前还应检查田埂、进出水口及拦鱼设施是否完整无损，发现漏洞要及时修补堵上。检查池中是否残留敌害生物，清池后到放养鱼苗前，鱼苗田中可能还有蛙卵、蝌蚪、水生昆虫和残留野杂鱼等敌害。必要时用鱼苗网捞1～2遍，以清除这些敌害生物。

（3）苗种放养宜在晴朗天气进行。若在有风天放养时，则应尽量选择在避风处进行。

（4）苗种下田前要进行药浴消毒，以杀灭鱼体表及鳃上病原生物。

（5）放鱼时，要特别注意水温差，即运鱼器具内的水温与稻田的水温差不能大于 3℃。因此，在运输鱼苗或鱼种器具中，先加入一些稻田清水，必要时反复加几次水，使其水温基本一致时，再把鱼缓慢倒入鱼溜或鱼沟里，让鱼自由地游到稻田各处。这一操作需慎重以免因水温相差大，使本来健壮的鱼苗、鱼种放入稻田后发生大量死亡。

（三）合理投饵

稻田养鱼因田中天然饵料数量有限，每 667m² 仅产鱼 10～15kg。要获得更高的鱼产量，必须人工投饵。

1. 饵料种类 饵料包括青饲料和精饲料，青饲料有各种萍类、水草、旱草、菜叶等；精饲料有糠、麸、菜饼、豆饼渣、糟等。有条件的可投喂配合饲料。

2. 投饵量 要根据苗种规格大小、数量多少而定。精饲料投喂量，培育鱼种为鱼体重 5%～10%，饲养食用鱼为鱼体重 3%～5%，以投饵后 3～4h 吃完为宜；配合饲料投喂量，为鱼种体重的 2%～3%，以投饵后 40min 左右吃完为宜。投喂青饲料，以 2h 吃完为宜。

3. 投喂时间、方法 一般投饵时间在 8：00～9：00、15：00～16：00。先投喂青饲料，2h 后再投喂精饲料；也可上午投青饲料，下午投精饲料或上下午均喂青饲料，晚上喂精饲料。稻田养鱼投饵执行"四定""三看"的原则，根据天气、鱼类活动和水质决定投饵量，并在鱼溜、鱼凼处搭食台和草料框。为了充分利用和防治水稻病虫害，当发现水稻有害虫时，每天用竹竿在田中驱赶 1 次，使害虫落入水中被鱼吃掉。

（四）日常管理

管理工作是稻田养鱼成败的关键，为了取得较好的养殖效果，必须抓好以下几项工作：

1. 专人管理、注意防逃 养鱼稻田要有专人管理，每天检查巡视，做好防洪、排涝和防逃工作，特别是下大雨要防止田水漫埂、冲垮拦鱼设备，造成逃鱼。平时注意维修及清理进、排水口的拦鱼设备，晒田前要疏通鱼沟和鱼溜，田埂漏水要及时堵塞。

2. 适时调节水深 养鱼稻田水深最好保持在 7～16cm。养鱼苗或当年鱼种水深保持在 10cm 左右，到禾苗发蔸拔节以后水深应加到 13～17cm；养 2 龄鱼的水深则应保持在 15～20cm。

3. 做好防暑降温工作 稻田中水温在盛夏期常达 38～40℃，如不采取措施，轻则影响鱼的生长，重则引起大批死亡。因此，当水温达到 35℃ 以上时，应及时换水降温或适当加深田水。

4. 做好鱼类转田工作 鱼类转田有几种方法，但最好的方法是在一丘稻田里各半种植成熟期不同的稻作品种，如种植早熟、中熟或晚熟品种。这样在收割早熟或中熟稻谷时，鱼就会自然游到晚熟稻那边去；而收割晚稻时，原来早熟品种的那一半稻田已插入晚稻秧苗，鱼又会自动游到以插晚稻秧苗的这一部分稻田中来，晚稻品种的这部分稻田耕作可照常进行。另外，同一鱼田，因稻谷成熟早晚有别，其病虫害发生时间也不一样，洒农药时间也必然前后不同，落到水中的药物浓度也低，鱼类有避难之处。如不采用此法，也可利用鱼沟和鱼溜，把鱼集中后再进行转移。

5. 病害防治 稻田养鱼的病害，直接影响稻田养鱼的成效，必须重视。稻田由于水浅、温差大，一旦染病治疗较为困难，要以防为主，防重于治。苗种放养前稻田用药物消毒，每 667m² 用生石灰 50～75kg 兑水泼洒，苗种也要经药浴后再放养。4～5 月在溜、凼中用生石灰消毒，每立方米水体用生石灰 40g，相隔 15～20d 再重复 1 次，一般连用 2～3 次，以调节水质和防病。也可在坑凼中用药物挂篓、挂袋，生石灰每次 2～3kg，或漂白粉每次 0.3～0.4kg，硫酸铜与硫酸亚铁（5：2）每次 0.2～0.3kg，分 2～3 处挂于坑凼中，10～15d 更换 1 次，几种药可轮换使用。还可用新鲜桉树叶打碎加面粉调成糊状，粘于草上喂鱼，每100kg 草鱼用 5kg 桉树叶，连续喂 3～6d，喂药前应停食 1～2d。鱼病发生后，对田水要及时消毒更换，并同时对症下药进行治疗。

（五）正确处理施肥与养鱼的关系

在稻田中施肥是促进水稻增产的重要措施，而稻谷需要的氮、磷、钾等肥料，同时也是培养鱼的饵料生物（浮游生物和底栖生物）所需要的营养盐类，所以稻田的肥料多少，直接影响鱼类的饵料丰歉，两者利害一致，没有矛盾。但在施用时要注意肥料的种类和数量，否则会因施用不当造成鱼类中毒死亡。施肥应以有机肥为主，化肥为辅，基肥重施，追肥轻施的原则。基肥占总施肥量的 70%～80%，追肥占 20%～30%。

基肥应以有机肥为主，采用的有机肥有人畜粪肥、绿肥、塘泥等，一般每 $667m^2$ 施腐熟有机肥 1 000kg 左右。若用无机肥作基肥，一般每 $667m^2$ 施碳酸氢铵 15～20kg，或硫酸铵10～15kg，硝酸铵 5kg，硝酸钾 3～6.5kg，过磷酸钙 30kg，生石灰用量不超过 10kg。石灰性缺锌"坐兜"田，每 $667m^2$ 要增施硫酸锌 1～2kg。半旱式垄栽稻田在做埂前和一般中等肥力的田在栽秧前 2～4d，每 $667m^2$ 泼施猪粪尿 1 000～2 000kg，在埂面上施过磷酸钙 25～30kg，或碳酸铵 13kg，尿素 5～6kg。施后将沟中稀泥覆盖到埂面上。施肥 3～5d 后放鱼比较安全。

追肥一般以无机肥为主，单季晚稻的"长粗肥"可施用有机肥。每 $667m^2$ 施放量为尿素8～10kg，或硫酸铵 10～15kg，硝酸铵 5kg，硝酸钾 2.5～6.5kg，过磷酸钙 5～6.5kg。氯化铵不宜使用，因其对鱼类有较强刺激性，可致鱼类中毒死亡。施有机肥，腐熟人粪尿每$667m^2$ 用量不超过 200～250kg，鲜人粪尿为 25kg，施用蚕沙需经过发酵。

施追肥要严格控制用量，少量多次。面积大的田块可划片分两次施肥，每次施半块田，施肥时保持田水深 5～7cm。用化肥作追肥应推广深施或根外施肥法，既有利于水稻吸收生长，又减少对鱼类的伤害。切忌将化肥直接撒在鱼沟、鱼溜内。高温天气化肥宜在傍晚施用，并拌和泥土一起撒。为解决施肥时对鱼类造成的威胁，可采用分段间隔施肥法。即一块稻田分两部分施肥，中间相隔 2d 左右。

在施用化肥的方法上要适当，先排浅田水，使鱼集中到鱼沟或鱼溜中，然后再施肥，让化肥沉于田底层，让稻根田泥吸收，此后再加水至正常深度，这样对养鱼无影响。

（六）正确处理施用农药与养鱼的关系

水稻的病虫草害种类繁多。稻田养鱼后，由于鱼能吞食水稻的害虫，如稻飞虱、螟虫、稻螟蛉、稻叶蝉、稻象鼻虫和浮尘子等，鱼还可吃掉多余的"稻脚叶"和杂草，使稻田通风、透光性增强，增加溶解氧，提高了水稻抗病害能力。因此，稻田养鱼可减少水稻病虫害，不需除草，降低农药喷施量。但水稻的病虫害常年发生，且有些病害范围又广。稻田养鱼后，对稻禾进行病虫害防治不同于未养鱼稻田，要正确处理用药和鱼类的关系，既要有效地防治水稻病虫害，又要保证鱼类安全。

在稻田养鱼中，施用农药时，应先了解鱼类对常用农药的忍受程度，剧毒农药应少用或不用，使用农药除要准确计算用量外，还应注意撒药方法。

通常粉剂农药在早晨有露水时使用；水剂农药晴天中午时施用，要尽量喷洒在水稻茎叶上。撒药方法有以下几种：

1. 排水撒药法 在撒药前将水放干，让鱼集中在鱼沟、鱼溜中，然后进行撒药，待药物毒性消失后，再将田水加至正常深度。

2. 深水撒药法 将田水加深至 7～10cm，用孔径较小的喷雾器将药物尽量喷洒在稻禾叶面上。如药的浓度较大，可将田水再加深一些。

3. 隔天分段打药法 先在半块田或田的某一段打药，鱼可以逃避至另外半块田中，隔天再在另半块中打药。

4. 药物浸秧法 插秧先将苗根部放在药液中浸泡一段时间然后再插秧，这种方法治螟虫有特效。

喷洒农药以细喷雾、弥雾为好，喷雾时喷头向上，雾滴直径小，增加药液在稻株上的黏着力，流落田中的农药少。拌土撒施农药，随土落入田里，田水中的农药浓度高，不宜采用。

除采用正确的施药方法外，还掌握施药的时间。稻田施药一般在 9：00 或 16：00 进行。粉剂应在上午打，因为早上稻叶、稻秆上有露水，可以使大部分粉剂沾在稻禾上，提高用药效果。水剂应在下午打，这时稻禾已经干燥，喷洒的农药不会随水珠流入田中。水剂农药如要在上午喷施，应待露水干后进行。夏季高温季节，宜在 17：00 以后用药。下雨前不宜喷洒农药，以免农药被雨水冲刷入田，导致田鱼中毒。用药后，如发现鱼类有中毒现象，必须立即加注新水，或边灌入新水、边排出一部分田水，以稀释水中药物浓度。

（七）正确处理晒田与养鱼的关系

晒田对水稻生产是一项增产措施。其目的：一是使禾苗粗壮，根系发达；二是控制分蘖。这种做法与养鱼要求保持一定水深是矛盾的，而在养鱼稻田中挖鱼沟和鱼溜的目的之一，就是为了解决这个矛盾。

晒田方法：先是排干田水，让鱼种进入鱼沟、鱼溜中，就可晒干，不晒也行。其理由是：

（1）鲤种、罗非鱼有钻浸习性，能松动土壤，有利于水稻根系发育，这就达到了晒田的第一个目的。

（2）在养鱼稻田中可加深田水，来控制禾苗无效分蘖。这是因为一部分无效分蘖的幼芽可作为鱼类的饲料被摄食，另一部分幼芽因得不到充足的氧气和光照而死在水中。晒田是以缺少水分来控制无效分蘖，而深水灌田是以缺氧来控制无效分蘖。一般认为，深水灌田控制无效分蘖的效果大于晒田。所以，养鱼稻田多采用深水灌田代替晒田的方法。

（八）稻田鱼捕捞

捕鱼前先把鱼溜、鱼沟疏通，使水流畅通，捕鱼时于夜间排水，等天亮时排干，使鱼自动进入鱼沟、鱼溜。使用小网在排水口处就能收鱼，收鱼的季节一般天气较热可在早、晚进行。如果稻田放水时田面不平，鱼不能集中至鱼沟、鱼溜，则可以再进行 1～2 次注排水，尽量不使鱼遗留在稻田中。捕捞时动作要迅速、轻细，防止鱼体受伤。食用鱼一般为一次捕捞，但目前因稻田养殖技术不断创新，也可以根据具体情况轮捕轮放。鱼种可分批起捕，收获的鱼种及时按种类过数，转入养殖水域。鱼收获后，及时整修稻田，落实下一期的种稻养鱼计划。冬囤水田养鱼必须在翌年栽秧前捕捞干净，否则草鱼会吃掉秧苗。

实　训

实训项目　参观连片稻田养殖示范基地

1. 实训时间　1d。

2. 实训地点　连片稻田养殖示范基地。

3. 实训目的

（1）了解稻田工程建设主要内容。

（2）掌握稻田养鱼技术。

4. 实训内容与要求

（1）参观稻鱼工程设施。

（2）观察稻田投饵及田间管理。

（3）同养殖户座谈，了解稻田养鱼放养及收获情况，了解饲养管理等情况。

5. 实训总结　针对参观养鱼稻田的具体情况，撰写稻田养鱼技术报告。

综合测试

1. 填空题

（1）稻田养鱼是根据_____的原理，利用稻田的_____条件既种稻又养鱼，以_____为主体，发挥_____的作用，达到了_____、_____的目的，形成"稻田养鱼鱼养稻，粮食增产鱼丰收"的良性农业生态系统。

（2）选择稻田养鱼的种类应考虑：①_____　②_____　③_____　④_____　⑤_____。以选择_____食性和_____食性的鱼类为佳。

（3）从养殖制度上区分稻田养鱼主要分为_____、_____和_____养殖法。

（4）稻、萍、鱼综合利用，是将传统的稻田养萍和稻田养鱼技术有机地加以结合，形成垄面_____、水面_____，水中_____、_____、_____的综合经营模式。

2. 问答题

（1）试述稻田养鱼的基本原理。

（2）稻田养鱼为什么要开挖鱼沟和鱼溜？

（3）养鱼稻田的日常管理有哪些内容？

（4）如何处理水稻施肥和养鱼的关系？

（5）养鱼稻田施放农药的方法有哪些？

（6）如何处理晒田与养鱼的关系？

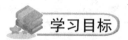

模块六 活鱼运输

活鱼运输是鱼类生产过程中的重要环节，是一项技术性要求较高的工作，包括受精卵、鱼苗、鱼种、食用鱼及亲鱼的运输。活鱼运输的中心工作是，提高运输成活率和降低运输成本。

了解影响鱼类运输成活率的因素，掌握鱼类运输方法。

基础知识

影响活鱼运输成活率的因素

影响鱼类运输成活率的因素是多方面的，包括鱼类的体质，运输水体的水质（溶解氧、有机物含量、水温），装运密度，运输时间等。这些因素相互联系又相互影响，在活鱼运输中需要全面考虑。

1. 鱼的体质 运输鱼类的体质，是决定运输成活率的关键性因素。运输的鱼类必须健康，无病无伤。伤残体弱的鱼类，难以承受运输过程中剧烈的颠簸和恶劣的水质环境，经受不住长时间和长距离的运输，有的甚至到达目的地后即使能够成活，在放养后也容易死亡。因此，准备运输的鱼必须加强饲养管理工作，使鱼体健无伤，特别是对于鱼种运输有重要的意义，除影响运输成活率外，还直接影响鱼种下塘后的成活率。

运输鱼苗，一般应选择受精率和孵化率较高者。这种鱼苗体质好，也可从个体形态和活动能力上鉴别：鱼苗体色鲜嫩，体型肥满，规格整齐，游动活跃者比较强壮；反之则弱。鱼苗要在眼点、腰点出现能平游后进行装运比较适宜，过早过晚都不好。

活鱼运输前，除鱼苗外，都必须按要求进行锻炼，以提高运输成活率。鱼苗因身体纤弱，体内贮存能量少，不宜进行锻炼；夏花和鱼种一般需经 2~3 次拉网锻炼，长途运输的鱼类还要在清水池中"吊养"一晚方可起运，促使其排出粪便和代谢黏液，避免运输过程中粪便和代谢产物分解，大量消耗氧和排出过多的二氧化碳，恶化水质，降低运输成活率。食用鱼和亲鱼在运输前 1~2d 停止投饵，并经拉网密集锻炼或蓄养后方可运输。

2. 水质

（1）溶解氧。运输水体较高的溶解氧水平，是保证运输成功的关键因素。水中溶解氧不足，会使鱼类在运输过程中无法正常呼吸，若严重缺氧，还会造成鱼类窒息死亡，从而影响成活率。一般运输时，水中溶解氧应保持在 5mg/L 以上。影响运输鱼类耗氧量的因素，有运输鱼类密度、水温、运输鱼类的状态、鱼类的种类和规格等。鱼类的耗氧率有种间差异，几种主要养殖鱼类耗氧率的高低次序为：鲢＞鳙＞草鱼＞青鱼＞鲤＞鲫。不同规格的鱼类耗氧率，随体重的增加而相对地降低。应根据不同鱼类的耗氧率，确定其在单位容积水体的合理装运量。运输鱼类密度越大、水温越高，耗氧量越大。水温升高 10℃，耗氧量会增加 1 倍。水体溶解氧充足，鱼会处于安静状态，耗氧也会保持在较低水平。不同规格的大宗淡水鱼类在夏季的耗氧率见表 6-1。

表 6-1　苗种在夏季的耗氧率

（引自毛洪顺，《池塘养鱼》，2002 年）

鱼类		体重（g）	水温（℃）	耗氧率 [mg/（g·h）]
鲢	鱼苗	0.002 33～0.002 89	19.7～25.7	1.89～3.09
	夏花	0.63～0.89	20.4～26.6	0.35～0.64
	鱼种	5.20～6.07	27.7～15.4	0.33～0.14
鳙	鱼苗	0.002 33	18.2	1.16
	夏花	1.06～1.10	26.3～26.6	0.37～0.43
	鱼种	4.67～5.27	26.1～27.7	0.28～0.32
草鱼	夏花	1.11	26.7～27.2	0.37～0.38
	鱼种	9.60	27.6	0.28
青鱼	鱼苗	0.002 33～0.002 89	21.6～26.4	1.67～1.88
	夏花	0.58～0.67	26.7～27.2	0.44～0.54
	鱼种	1.31	27.6	0.40
鲤种		3.60	26.4～26.9	0.24～0.38
鲫种		3.32	24.6～26.9	0.26～0.38

（2）水温。鱼类是变温动物，体温随水温的变化而变化。各种鱼类都有自身的适温范围，超出适温范围就容易死亡。温度与鱼类的活动及耗氧率，都有着密切的关系。随着温度的升高，在运输早期，鱼的活动加强，在狭小的运输容器中容易碰撞受伤。运输后期，水温越高，鱼类代谢强度越大，对氧气的需求也越大，同时代谢废物也增多，微生物的活动也强，易造成水质污染。温度降低，鱼的耗氧率减小。因此，在低温条件下，运输密度可比在高温条件下高些。温度也就成为活鱼运输密度的制约因素之一。一般水温升高 10℃，耗氧量大约增加 1 倍，水温每升高 1℃，鱼的装运密度大约降低 5%。因此，降温是提高鱼类运输存活率的一个有效措施。一般来说，春秋两季是最适合鱼类运输的季节，这时水温低，鱼的活动力、耗氧率都比较低。冬季水温太低，运输鱼类易造成冻伤，运输活鱼要采取防冻措施。夏季水温太高，鱼的活动力、耗氧率都较高，易造成运输水质败坏，影响运输鱼类密度及成活率。因此，夏季运输鱼类必须采取一定的技术措施，来保证运输成活率。一是避开高温时间，选择在温度相对较低的夜晚运输；二是在运输水体中适当加冰，以降低运输水体温度。但要防止加冰过多，水温骤降引起鱼类死亡，一般以温差不超过 5℃ 为宜。

（3）pH 与二氧化碳。在密闭式运输中，随着运输时间的延长，鱼体呼吸作用释放的二氧化碳会使 pH 降低。二氧化碳会酸化水质，使血液载氧能力下降。正常情况下，鱼体消耗 1mL 氧气会产生 0.9mL 二氧化碳。随着运输时间的延长，容器中的二氧化碳含量会逐渐升高，尽管仍有较高的溶解氧，还是会引起鱼类中毒昏迷。据测定，在尼龙袋充氧运输鱼种 20h 后，水的溶解氧高达 6mg/L，袋内水的二氧化碳浓度可高达 200mg/L。二氧化碳对鱼类的危害浓度在 100mg/L 以上，如果二氧化碳浓度超过了 250mg/L，便会引起鱼种死亡。如果苗种及时运达目的地，将鱼暂养在清水中，可解除二氧化碳浓度过高所引起的昏迷。

（4）氨。运输过程中，鱼类蛋白代谢和微生物对排泄物的分解作用会产生氨，长时间会出现氨积累。降低运输水温，可以降低鱼类的代谢率，减轻鱼类运动，减少氨的排放量。还可以通过在运输前长时间停食和排空肠胃内容物，以降低微生物产氨量。因此，运输水温和最后投喂的时间，是影响氨产生的重要因素。鱼类运输前拉网锻炼和停食，是减少运输过程中氨产生的必要环节。

3. 运输密度 装运密度与运输成活率和运输成本有着直接的关系。随着装运密度的加大，运输过程中的耗氧量加大，水质恶化速度加快，成活率降低。但随着装运密度的加大，运输成本却降低。因此，合理的装运密度，应根据运输对象、运输方法、运输工具、气象情况、水质、水温及运输时间等具体情况而灵活掌握。一般情况下，为了预防运输过程中的偶然事故，应按计划运输时间的 2 倍来确定装运密度。另外，对运输的试验鱼类或珍贵稀有品种，为确保运输的成活率，要降低装运密度。而运输一般鱼类，考虑到降低运输成本，在安全的前提下尽量增加装运密度。活鱼运输过程中的空间因素，也应加以考虑。装运密度与运输水体的比例，密封式运输鱼苗时可为 1 ：（100～200）；密封式运输鱼种或亲鱼时可为 1 ：（3～4）；食用鱼的运输可为 1 ：2。

另外，运输时间、气象情况等，也会影响活鱼运输的成活率。运输时间、装运密度和运输成活率成反比。因此，在条件许可的情况下，应千方百计缩短运输时间，提高运输成活率。早春或晚秋运输时，应避免寒潮的影响。在交通不便的地方，要特别注意雨天，以免因交通阻塞而中途停车，造成损失。

4. 化学试剂在鱼类运输中的应用 利用对鱼类无毒副作用的化学试剂处理，是提高鱼类运输成活率的重要措施之一。可以用于鱼类运输处理的化学试剂，有化学增氧剂、抗菌素、缓冲剂和除沫剂等。

（1）氯化钠和氯化钙。运输水体中加入 NaCl 和 $CaCl_2$，可以降低鱼类的应激反应。钠离子可以减少黏液产生，钙离子可以调节渗透压和防止代谢紊乱。

（2）化学增氧剂。常用的化学增氧剂是过氧化氢和过氧化钙。Huilgol 和 Patil（1975）指出，以过氧化氢作为鲤仔鱼运输时的氧源，水温 24℃ 时 1 滴过氧化氢溶液（6％，1mL＝20 滴）加入到 1L 水中，可以使溶解氧升高 1.5mg/L，而 CO_2 和水体 pH 没有变化。

（3）抗生素。抗生素可以用于防止运输过程中的细菌生长，使鱼体的抵抗力有所提高，主要用于鱼苗、鱼种的运输。常用的广谱抗生素有青霉素、链霉素、硫酸新霉素等。

（4）缓冲剂。一些缓冲剂，如三羟甲基氨基甲烷，可以用来调节 pH。运输过程中二氧化碳的积累会使 pH 下降，因此，适当加入缓冲液会改善水体的酸碱度。

（5）氨吸附剂。长时间运输时，沸石粉可以降低运输水体氨浓度。研究表明，添加 14g/L 的沸石，可以将非离子氨控制在 0.017mg/L 以下；而不加沸石的水体，非离子氨浓度可达 0.074mg/L。

岗位技能

一、运输前的准备

运输工作人员的高度责任心和做好运输前的各项准备工作，是获得运输成功的根本保证。运输前的准备工作主要有以下几项：

1. 制订运输计划 运输前必须制订周密的运输计划，根据鱼类的种类、大小、数量和运输距离的远近、运输成本等确定运输方法，安排好车辆、船只或航班。

2. 准备好运输工具 运输工具必须事先准备好，并经检验和试用，同时应准备一定数量的后备工具。

3. 做好沿途用水准备 在运输前对运输路线的水源、水质情况必须预先调查了解，根据水源、水质情况安排好换水或补水地点，做到"水等鱼"，保证能及时换补新水，提高运输成活率。

4. 人员配备 运输前必须做好人员组织安排，起运点、转运点、换补水点和目的地的人员均分工负责，互相配合，做到"人等鱼、池等鱼"，保证运输的顺利进行。

5. 做好鱼体锻炼 要选择规格整齐、身体健壮、体色鲜艳、游动活泼的鱼进行运输。待运鱼苗应先放到网箱中暂养，使其能适应静水和波动，并在暂养期间换箱1～2次，使鱼苗得到锻炼。鱼种起运前要拉网锻炼2～3次；食用鱼、鱼种、亲鱼起运前1～2d停止投饵，使其排空粪便。

二、运输方法

目前，常见的活鱼运输方法主要有封闭式运输和开放式运输两种。另外，还有无水湿法运输和麻醉运输两种特殊的运输方法。根据交通工具，亦可分为水运、陆运、空运三大类。

1. 封闭式运输 封闭式运输，是将鱼和水置于密闭充氧的容器中进行运输的方式。它可用汽车、火车、轮船和飞机等多种交通工具装运。封闭式运输容器体积小、重量轻；单位水体中运输鱼类的密度大；管理方便；运输过程中，鱼体不易受伤，成活率高。但是封闭式运输对于大规模运输食用鱼和鱼种操作效率较低，运输途中发现问题不容易及时解决；并且塑料袋易破损，不能反复使用；运输时间不宜超过30h。

（1）聚乙烯袋运输。聚乙烯袋一般用白色透明，耐高压，薄膜厚度为0.1～0.18mm聚乙烯制作，分为小型、中型、大型三种，规格可根据实际使用情况现场制作。运输鱼苗和夏花鱼种常采用小型聚乙烯袋，其规格一般为长70～90cm、宽40～60cm，容积为50～90L（图6-1）。

体积为50L的聚乙烯袋，加入20L水。加水过多，不仅增加了运输重量，且减少了充氧空间，更增加了运输成本。装进一定数量的鱼苗（水温在25℃，规格为70cm×40cm聚乙烯袋装运鱼苗、鱼种的密度可参考表6-2），把袋中的空气挤出，同时把与氧气瓶相连的橡皮管从袋口通入，扎紧袋口，即可开启氧气瓶的阀门，徐徐通入氧气，用手指挤压后，袋体立即恢复膨胀即可，将袋口折转并扎紧（图6-2）。可平放于纸箱或泡沫塑料箱中运输，亦可直接置于运输工具中运输。

图 6-1　小型聚乙烯袋（示盛鱼后密封充氧情况）

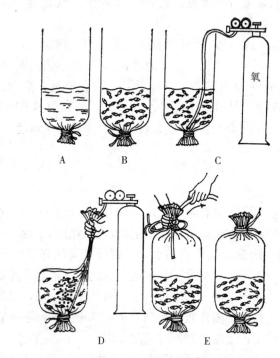

图 6-2　密封充氧过程
A. 装入洁净的水　B. 装入待运输的鱼
C. 将氧气管伸入袋内　D. 抽出袋中的空气并充氧
E. 充入适量氧气，抽出气管并扎紧袋口

　　聚乙烯袋密闭空运时间不宜超过 12h。鱼类在运输前 1d 应停止喂食，以免在运输途中反胃吐食及排泄粪便造成污染水质，水温应根据季节自然水温情况，适当予以调节。夏季气温较高时，泡沫箱内应适当加冰袋，以防中途水温升高。鱼苗运抵目的地后，不要立即拆袋放苗，应先将装鱼苗的袋子放在池塘中浸 20～30min，使袋内外水温接近池塘水温后再放苗入池，否则鱼苗容易发生死亡。

表 6-2　塑料袋装运鱼苗、鱼种密度（水温 25℃）

运输时间（h）	装运密度		
	鱼苗（万尾）	夏花（尾/袋）	8～10cm 鱼种（尾/袋）
10～15	15～18	2 500～3 000	300
15～20	10～12	1 500～2 000	250
20～25	7～8	1 200～1 500	200
25～30	5～6	800～1 000	150

　　（2）胶囊运输。在道路崎岖不平的山区，由于运输时颠簸剧烈，塑料袋较易破裂，可使用胶囊充氧运输鱼苗、鱼种。胶囊由帆布或合成纤维硅胶制成。长 2.9m、宽 2.45m、高 0.68m，总容量4 500L 左右。胶囊上装有装鱼孔、卸鱼排水孔、充氧阀门、排气阀门和观察窗（图 6-3）。

　　用胶囊运输活鱼时，将整个胶囊外层涂成白色，以防吸热。装运时，先由装鱼孔向胶囊内加水，装水量为胶囊总容量的 1/3～1/2。然后装鱼。装鱼时动作要迅速（若遇天气炎热或装运时间较长，必须边装鱼边徐徐充氧），以防浮头。装鱼完毕，封闭装鱼孔，开始充氧，充至轻压胶囊富有弹性为止，即可运输。在水温 13～20℃时，每升水可装 10cm 的草鱼、鲢种 40 尾，短途运输（24h 内）还可增加 25% 的装运量，成活率可达 95%。

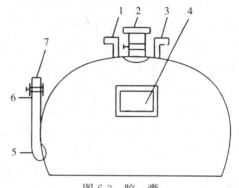

图 6-3　胶　囊
1. 排气阀　2. 装鱼装水阀　3. 充氧阀
4. 观察窗　5. 卸鱼排水孔　6. 软管　7. 卸鱼孔卡箍

　　在运输距离较远、时间较长的情况下，可以中途换水倒袋，重新充氧。据试验，途中重新充氧，可延长运输时间 20%～40%；如果换一半新水再重新充氧，则可延长运输时间 50%～60%；全部重新换水充氧，鱼的成活时间就可延长 1 倍左右。

　　2. 开放式运输　开放式运输法是将鱼和水置于敞口的容器进行运输，是大批运输鱼种、食用鱼、亲鱼常用的方法，从原始简单的肩挑到使用汽车、火车、轮船等都有采用。火车运输作为鱼类运输的一种重要方式，曾经被广泛使用，目前这种方式已逐渐被其他运输工具所取代。

　　开放式运输，必须配有持续性供应空气或氧气的设施。开放式运输的特点是，运输量大，换水增氧方便，运输成本低，便于途中观察和检查运输情况，发现问题能及时处理。适于长时间运输，运输容器可反复使用或"一器多用"的特点。但用水量大、操作强度大、鱼体容易受伤，特别是对于食用鱼和亲鱼。

　　（1）简易集装箱运输。简易集装箱（图 6-4）由 3～4mm 厚的薄钢板或铝质材料焊接而成。亦可用玻璃钢或塑料制成。装鱼口长宽为 50cm×50cm，箱的大小与载重汽车

图 6-4　简易集装箱运输

货箱相当，高 1~1.5m。简易集装箱的充氧管从装鱼口进入箱内，充氧管用塑料管接入箱底，并与盘旋于箱底部的微孔曝气管相连，氧气均匀地由箱底释放于水体中，适用于长途运输鱼种和食用鱼。

目前，也有集装箱用与载重汽车相匹配的胶囊制成，打破了常规的罐式装载。而是采用隐蔽式、可收缩式鱼囊设计来装载水产品，以实现返回途中的厢体浪费，将鱼囊收缩后即可实现普通货物的装载运输。

（2）专用运输卡车。用于活鱼运输的卡车有很多类型。根据卡车的运载能力，一般容积有11 400、5 400、2 700、1 700L。大水槽配有制冷系统，水槽均有保温设施，小水槽用冰块降温。新型卡车配有发电机，为制冷机和循环水提供电力保障。水泵和制冷机由发电机独立供电，1 800L 水箱两端由车载电机提供电源。充气装置由水泵和分水喷头组成，底层水经充氧制冷后流回水箱，水体不断循环利用。由于不使用外界空气增氧，箱内温度相对稳定。专用运输卡车的成本很高，而且结构复杂，因此操作时要严格执行有关规定。在美国，运输鲑仔鱼采用的是运输能力更强的卡车。为降低由于水循环出现的水温升高，配置了制冷系统。另外，采用氧气作为动力的气提泵进行水循环，提水经由水体上部的过滤板回流。过滤板以物理和化学方式，除去含蛋白物质以及其他废物。除去水体中含氮物质，可以将氧饱和水平提高 2.5 倍。

（3）活鱼船运输。在水路交通比较发达的地区，活鱼船仍然被广泛用于食用鱼及亲鱼、苗种的运输，目前均已配有动力。活鱼船的载鱼舱水体，通过船体运动与环境水体进行交换，因此也称为活水船。活水船是在船舱底部的前后两端或左右两侧开孔，孔上装有纱窗，船在前进时，河水自前面的孔流入，自后面的孔排出，使水质保持清新，溶解氧充足。两广地区活鱼船运鱼较普遍，多用于运输夏花和鱼种。长约 3.3m 的船，每船可装运鱼苗400 万~500 万尾，多的可达1 000万尾。乌仔每吨水可装 3 万~3.8 万尾（水温 20~24℃），运程 1d。如水温 10℃ 以下时，7~8cm 的鲢、鳙、青鱼鱼种，每吨水可装 1 万尾左右；10cm 的约可装8 000尾；13cm 的5 000~6 000尾。草鱼耗氧率低，密度可高 1/5~1/4。活水船通过污水区域时应把进水口堵住，以防污水进入舱内毒死苗种。

由于此类活水船没有增氧等专用设备，运输时间不能太长。如船在污水区域航行时，进出水门必须关闭，时间过长，鱼类生存会受到严重威胁，因此其航线受到严格限制；同时，鱼的装载量也很低。

在普通活鱼船的活水舱内安装喷淋式增氧装置，即为喷淋增氧活鱼船，该装置由柴油机、水泵、喷水管、阀门等组成。由柴油机驱动水泵，将鱼舱底部的水抽吸上来送至喷水管，通过喷水管再喷洒于鱼舱水面进行增氧。

3. 无水湿法运输　鱼类都有在空气中生存一定时间的能力，但不同鱼类在空气中维持生命的时间不同。鲫在 18~20℃ 时能在潮湿地方维持生命 10d，3~5℃ 时则能维持 20d；鲤在 21℃ 时能够在潮湿处维持生命 2d。鱼类的皮肤潮湿时，可直接通过皮肤的微血管进行气体交换，但鱼类利用皮肤呼吸的比例，随着年龄的增长和温度的升高而减小。不同鱼类的皮肤呼吸量见表 6-3。

湿法运输，即鱼不需盛放于水中，只要维持潮湿的环境，皮肤和鳃部保持湿润便可运输。大多数鱼类的皮肤呼吸量很小，不能进行无水湿法运输。只有那些具有较大皮肤呼吸量的鱼，如鳗鲡、鲇、鲤、鲫等，皮肤呼吸量超过总呼吸量的 8%~10% 的鱼类，才能进行无水湿法运输。

表6-3　不同鱼类的皮肤呼吸量

鱼类	体重（g）	水温（℃）	皮肤呼吸量［mg/（kg·h）］	皮肤呼吸比例（%）
当年鲤	20～30	10～11	29	23.5
鲤	40～240	17	8.2	8.7
2龄鳞鲤	30～390	8～11	7.9	11.9
2龄镜鲤	300	8～9	5.9	12.6
鲫	28	19.5	25.5	17
鳗	90～330	8～10	19.9	9.1
鳗	100～570	13～16	7.9	8

　　从表6-3可看出，鲤、鳗等鱼类都可采用此种方法运输。无水湿法运输的关键是，保持鱼体和鳃部的湿润，为此，应经常对鱼体淋水或采用水草裹住鱼体等方法以维持潮湿的环境。一般运输时间以不超过12h为宜，应在早晚或夜间天气凉爽时运输，也可用冷水或冰块降低温度，一般应控制温度不高于15℃。适宜温度为10℃左右，但用冰块降温时注意不能让冰块接触鱼体。如目前广泛使用的泡沫塑料运鱼箱，容积为60cm×400cm×30cm。箱分两层，用有孔塑料板分隔。底层高5cm，供盛水用，上层放鱼。一般每箱可放5～8kg鱼，其箱顶板内侧粘2～3个冰袋（袋冰重量根据运输季节有所增减）。利用冰块融化后的水滴，使鱼体保持湿润，并使箱内温度始终保持在5～8℃。这种运输方式主要用于食用鱼运输，也用于苗种运输，如鳗鲡的"无水"湿法运输（图6-5）。

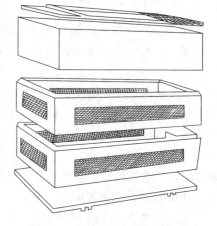

图6-5　鳗鲡的无水湿法运输箱

　　黄鳝、乌鳢、斑鳢、泥鳅等都具有辅助呼吸器官，能呼吸空气中的氧，只要体表和鳃部保持一定的湿度，可进行"无水"湿法运输。这种方法也可用于虾类的运输。将捕捞出塘的虾装入泡沫塑料箱中，加入碎冰迅速降温，盖严并密封，让其处于休眠状态中进行运输，到达目的地后开箱加水让其复苏，成活率可达到95%以上。

　　另外，可用低温无水湿法运输鱼卵和精液。未受精卵必须保证不接触到水，受精卵和发眼卵则要保持湿润。将鱼卵装在保温容器中，温度保持在1～3℃进行运输。运输精液，则必须将精液放在装有液化氮的保温瓶中。

　　4. 麻醉运输　用麻醉剂注射鱼体或将鱼放在一定浓度的麻醉剂溶液中运输，使鱼处于昏迷状态，减少鱼的活动，降低代谢强度和耗氧率并减少机械损伤，因而有利于长途运输。但一般也只用于亲鱼的运输，苗种运输不采用，食用鱼的运输禁止使用药物麻醉剂，特别对具有毒性的奎纳丁、氨基甲酸乙酯等更要禁止使用。食用鱼的麻醉运输，国外多采用二氧化碳、碳酸氢钠或低温冷水麻醉。国内有些地方用60°的白酒，可使鱼麻醉2～3h。在水温高于15℃以上时，运输亲鱼才使用麻醉运输法。一般是先用正常的剂量将亲鱼麻醉，然后装进运输容器内，再加入新水把麻醉剂的浓度冲稀到原浓度的50%，亲鱼仍可保持麻醉状态，运达目的地后，换入清水使鱼恢复正常。

（1）二氧化碳。用50％的二氧化碳和50％的氧气混合后，通入装有活鱼的容器内，使鱼逐渐麻醉，运达目的地后通入纯氧，使鱼复苏。

（2）碳酸氢钠。配制成浓度为625mg/L的溶液，pH为6.5，鲤经4～12min、虹鳟经2～5min麻醉。运达目的地后放入清水中，鲤经15min、虹鳟经10min后复苏。碳酸氢钠在水中实际上也是产生二氧化碳，引起活鱼麻醉。

（3）乙醚。短途运输亲鱼时可用乙醚麻醉，先用棉花球蘸少许乙醚（体重15kg的亲鱼约用2.5mL乙醚）塞入鱼口内，经2～3min鱼即麻醉。然后放在盛有水的容器中运输，麻醉时间为2～3h。

（4）氯代乙醇。100mL水中溶入0.89g，用量为大马哈鱼幼鱼1：（2 500～5 000），经2～3min麻醉。运达目的地时，放入清水后，3～8min复苏。

三、运输途中的管理

1. 增加水中的溶解氧　开放式运输途中保持水体足够的溶解氧量，是提高运输成活率的关键。一般可采用换水、击水、送气、淋水或投放化学增氧剂等方法，增加水中的溶解氧量。

（1）换水。在运输途中发现鱼浮头、密集于水的表层，游泳无力，体色变淡，或发现水质变黏、带有腥臭气味，水面发生泡沫时，应立即换水，改善水质和补充氧量，以保持鱼类运输的适宜环境。换水量的多少要根据当时具体情况而定，一般换水量为30％～80％。换水时力求操作细致，换入的新水要求无毒、清新、含氧量高、温度适宜等。如需临时急用自来水时，要注意用硫代硫酸钠除去余氯。换水的时间和次数，可根据天气、温度、水质、密度以及鱼的活动情况等决定。

（2）送气法。此法一般使用小型空气压缩机或打气机，通过置于水底的砂滤器，让空气呈小的气泡从水底冒出向外扩散，以达到提高水中溶解氧量的目的。但注意送气时量应大小适中、均匀，不宜送气过猛，时间也不宜过长，以鱼不浮头为限。也可用液化空气罐或氧气瓶，向水中直接补充氧气。

（3）化学增氧剂。在水中投放一定的化学物质，使其分解或与水起某种化学反应后生成氧气，达到氧化有机物质，消除有害物质（NH_3、H_2S、CH_4等）和增加溶解氧等改善水质的作用。目前，常用的增氧剂有过氧化钙、过氧化钡等，放入水中后，可以缓慢地释放出氧气，而又不致形成有害物质。

2. 保持良好的水质　在开放式运输途中，要经常清除死鱼、粪便等污物，以免腐败分解，引起水质的恶化，降低溶解氧。常用虹吸法，清除运输水体中的污物。水质保持也可用药物，通常运输苗种和亲鱼的水体中，可加入浓度为2 000～4 000IU/L的青霉素，可有效地抑制微生物的繁殖。为了防止由二氧化碳增加而引起的pH降低，可用1.3～2.6g/L的三羟甲基氨基甲烷缓冲剂，使水体的pH保持稳定。封闭式运输可用1～2g/L的碳酸钙，减少游离二氧化碳的含量；也可用2～4g/L的三羟甲基氨基甲烷缓冲剂，控制pH在7～8的适宜水平上。还有利用离子交换树脂、活性炭及天然沸石等吸附有害物质和气体。

3. 喂食　为了不影响苗种体质，在开放式的长时间运输中，应适当进行投喂，运输鱼苗可每天投喂1次，每20万～30万尾投喂熟蛋黄1个。在喂食后切不可惊动鱼苗，因为饱食后，鱼苗如受惊扰，游泳加速，很易窒息死亡。在喂食后5～6h，可将排泄物、水底污物与残饵等清除，并换进适量新水。鱼种运输一般可不投喂，特别是春、秋运输水温低，鱼种基本不摄食。

4. 观察鱼的活动情况　在运输途中，要经常定期观察鱼的活动是否正常，鱼苗、鱼种在容器中定向有秩序地游泳，说明鱼体健壮，活动正常。如果是散游乱窜，无一定方向或浮于水面，都是缺氧的征兆。如发现鱼苗头部变红色、腹部有气泡、身体翻转等现象，则是水质恶化，应立即换水急救。

实　训

实训项目　**活鱼运输技术**

1. 实训时间　1d。

2. 实训地点　水产养殖场。

3. 实训目的　认识活鱼运输常见工具；掌握活鱼运输方法和要点。

4. 实训内容与要求

(1) 熟练掌握塑料袋装水、装鱼、排气、充氧、密封袋口、装箱等操作技术。

(2) 将运输到目的地的鱼苗袋放入放养水体，待袋内外水温基本一致后，开袋放鱼。

(3) 使用乙醚和碳酸氢钠进行麻醉运输，达到运输时间后，放入清水，使鱼复苏。

5. 实训总结　撰写活鱼运输方法及技术要点总结报告。

综合测试

1. 如何提高活鱼运输成活率？

2. 活鱼运输的方法有哪些？各有何特点？

塑料袋密闭充氧运输

开放式运输

07 模块七　鱼 类 越 冬

我国幅员辽阔，北部13个省（自治区、直辖市）每年都有一定时期的冰冻期。尤其是黑龙江、内蒙古气候寒冷，最低气温达−30℃以下，有的冰封期达5～6个月，冰层厚度达到60～150cm。冬季气候寒冷，鱼类生活环境及生理状况都发生明显变化，都给鱼类安全越冬带来很大的威胁，影响鱼类越冬成活率。因此，安全越冬成为我国北方地区渔业生产的一个重要环节。

学习目标

　　熟悉我国北方越冬池的环境条件，了解影响鱼类越冬成活率的因素，掌握鱼类越冬技术。

基础知识

一、鱼类越冬池的环境条件

鱼类越冬期间，水面结冰，越冬水体同外界（空气）隔绝，随气温下降和冰层加厚，水体温度逐渐降低，水体中有机物质分解、生物的呼吸作用，使水体溶解氧不断下降，CO_2、H_2S 等有毒有害气体含量增加；CO_2 和有机酸的积累会降低 pH，导致越冬水体酸性化。这一系列水体生态条件的变化，对鱼类的安全越冬造成了胁迫。

（一）理化状况

1. 水位　一般越冬池的最低深度应在2.5～4.0m，冰下水深为2m左右；对于渗漏的水体应有补水条件，有新水补充的静水池冰下水深不低于1.3m；流水池冰下水深不低于70cm；为了保持一定的水位，静水越冬池在越冬期应分期注水2～3次。越冬池应保持一定的有效水深，过浅会导致水温偏低，也限制了越冬鱼类的密度；过深会使氧债层加大，不利于生物增氧。

2. 水温　水体封冰以后，气温的变化只影响到冰的厚度。冰下水温依据距离冰层的远近而呈垂直分层现象。接近冰层的水温为0.1～0.3℃，距冰层越远，水温越高。由于水在4℃时密度最大，所以越是接近4℃的水越是向底层分布。东北地区养鱼水体一般在11～12月封冰，出现温度的逆分层现象。如果封冰时降温幅度较大或水体较浅，水体上下层可能出现全同温。整个水体封冰后，不冻层水温很少再受天气和阳光的影响，各水层温度相对稳定，表层水温最低，深层一般可保持在3～4℃（表7-1）。

表 7-1　越冬池冰下水温的垂直分布

（引自戈贤平，《池塘养鱼》，2009）

冰下水深（cm）	表层	20	40	60	80
水温（℃）	0.4～0.8	1.0～1.4	2.0～2.4	2.3～4.5	2.4～3.8
冰下水深（cm）	100	120	140	300	400
水温（℃）	2.8～3.8	3.4～3.8	3.6～3.9	4	4

越冬池的水温通常是比较稳定的，如辽南地区越冬池温度变化仅为 1.3～1.8℃。在寒冷的哈尔滨地区，水深 1～3m 的越冬池，整个越冬期的底层水温变化在 1～3.5℃，其月差也不超过 2～3℃。如此稳定的水温，对越冬鱼类是十分有利的。但是，扬水曝气或循环水会使水温下降，长期扬水底层温度可降至 0.2℃ 以下。所以，当越冬池缺氧采用增氧机或水泵曝气增氧时，要十分注意水温下降问题。

此外，一些冰下水深不足 1m 的浅水池，随太阳辐射热的减少和气温的下降，在严寒的 1～2 月，底层水温可降至 1℃ 以下；连片池塘的边缘池或位于风口的单独越冬池，水温也可能稍低一些，但通常也都在 0.5℃ 以上。流水越冬池用河水等做水源时，因水源水温低（小于 0.5℃），在交换量过大时，池水水温也会偏低。

3. 光照　在正常情况下，冰下水体都会有一定的光照度。光照度的大小与冰的透明度有密切关系。明冰，透光率为 30%～63%；乌冰，透光率一般为 10%～12%；冰上覆雪 20～30cm，透光率大大降低，仅为 0.15%。冰下光照度与冰质关系密切，而与冰的厚度关系较小；冰层透光率随太阳位置而增减；通过越冬池的透明度来估算浮游植物的现存量，对生物增氧越冬具有一定的指导意义。

4. 透明度　冰下水体的透明度通常比明水期大，一般在 50～100cm。这是因为水温低和缺少营养盐，致使浮游生物量下降的缘故。明水期间由于风浪、施肥和投饵等各种因素干扰，使透明度难以完全反映水中浮游植物的丰歉。而冰下水体没有上述干扰，浮游植物是影响水体透明度的主要因子。因此，冬季更有可能通过透明度来估量浮游植物的现存量，这在生物增氧越冬实践中有一定意义。

5. 溶解氧量　越冬水体溶解氧的来源：一是封冰时原水体所贮存的氧量；二是水体中水生植物光合作用产生的氧量。越冬水体溶解氧量，一般认为 4～6mg/L 较为合适。生产中一般规定：越冬水体的溶解氧量 2mg/L 时为抢救界限；3mg/L 时为警戒界限。冰下水中溶解氧的变化规律，与水中浮游植物种类和数量、浮游动物数量、鱼类、底质和冰质等有密切关系，而且对搞好鱼类安全越冬是十分重要的。

（1）光合作用产氧。结冰后，池水和大气隔绝，溶解氧再不能从空气中得到补充。冰下水体溶解氧的主要来源，是水生植物的光合作用。水中溶解氧在封冰期的变化趋势，取决于浮游植物产氧量和生物、底质等耗氧量的平衡状况。多数池塘光合作用毛产氧量随着月份呈一定规律的变化，大致是：12 月＜1 月＜2 月＜3 月＜11 月，这和光合作用强度基本一致。浮游植物较少的越冬水体溶解氧，在越冬期逐日减少。及时补充富含浮游植物的池水并适当施肥，有利于溶解氧的迅速提高。

（2）水呼吸耗氧。水呼吸耗氧，是指水中浮游植物、浮游动物、细菌和腐殖质等的耗氧。水呼吸耗氧和浮游植物现存量呈正相关。由此看来，一般越冬池水呼吸的主要因子是浮

游植物。

（3）底质耗氧。越冬池底质耗氧每天可达 $0.37\sim0.45g/m^2$。若以 2m 水深计，则池水所承担的耗氧量每天约为 $0.17mg/L$，这比明水期底质耗氧（肥水池每平方米每天耗氧可达几克至十几克）要低，但在越冬池产氧水平也比较低的情况下，此值就不可小视了。

值得注意的是，底质耗氧主要不取决于底泥的厚度，而在于泥表层淤积物的性质和泥的密实程度。池底的淤泥和杂草，以及野杂鱼每年应彻底清除，以减少耗氧因素。

（4）鱼类耗氧。在冬季，鱼类的耗氧仅为夏季的 1/6。当水温降低时，鱼类的呼吸频率变慢，新陈代谢下降，因此减少了对溶解氧的消耗。鱼种在低温（$1\sim4$℃）下的耗氧率因种而异。越冬期间，鱼类的平均耗氧率每天为 $8\sim10mg/kg$；遇光照加强和受惊等情况，越冬鱼类活动加剧，呼吸次数增加，耗氧率提高。鱼类越冬缺氧危险期一般为"元旦""春节"和"融冰"前等 3 个时间。静水越冬水域，从 12 月开始采取补水、补氧的措施，防止"雪封泡吊死鱼"的现象。

（5）大型低等动物耗氧。越冬池大型浮游动物主要是桡足类。剑水蚤在水温 $2\sim3$℃时的耗氧率每天为 $33mg/g$，若剑水蚤密度为 $1mg/L$（约为 30 个/L），则相当于每天每升水要承担 $0.033mg$ 的耗氧量。当越冬水体的溶解氧下降到 $1.8\sim2.6mg/L$ 时，在冰眼附近即可观察到剑水蚤、松藻虫、水斧虫等大型低等动物。打开冰眼，观察越冬水体有无大型低等动物上浮，是判断越冬水体溶解氧高低的一个标志。

（6）现存溶解氧量。越冬池现存氧的增减，取决于产氧和耗氧的差值。若越冬池耗氧率每天取水呼吸 $0.60mg/L$，鱼种和大型浮游动物耗氧 $0.39mg/L$，底质耗氧 $0.17mg/L$，共计 $1.16mg/L$。产氧若每天高于 $1.18mg/L$，越冬池中现存氧将逐渐上升；若全池光合产氧值每天低于 $1.18mg/L$，则不足耗氧，这类池塘现存氧量将逐日下降。

6. 二氧化碳 在整个越冬季节，由于有机物的分解，水中动、植物的呼吸作用，使水中二氧化碳含量逐渐增加。在封冰的情况下，水中二氧化碳不可能向空气中扩散，因此在浮游植物少的水域，二氧化碳的含量有很大的增长。条件差的泡沼，到 3 月下旬二氧化碳含量有的可高达 $175mg/L$。在缺氧状态下，二氧化碳的增加，会提高鱼类的窒息点，加快了鱼类的死亡。

7. 溶解盐类 实行生物增氧的越冬池，由于浮游植物的消耗，氮、磷含量不会很高。如哈尔滨地区越冬池氨氮含量变化在 $0\sim2mg/L$，平均 $0.2\sim0.5mg/L$；硝酸氮平均$0.1\sim0.2mg/L$；亚硝酸氮很少，通常检不出；活性磷平均 $0.04mg/L$，许多池塘亦检不出。

（二）生物状况

1. 浮游植物 我国北部地区冬季寒冷，越冬池中的生物种类和数量普遍减少，只有一些适应低温的浮游植物存在。用生物增氧的越冬池，冰下浮游植物的特点是种类少，生物量较高，鞭毛藻类多。一般认为，越冬水体透明度为 $50\sim80cm$，浮游植物生物量为 $10\sim30mg/L$ 较好。

2. 浮游动物 浮游动物除本身消耗氧量外，有些种类能摄食浮游植物，特别是剑水蚤和犀轮虫，是生物增氧越冬的重要敌害。冰下浮游动物主要有轮虫（多肢轮虫）和原生动物，而枝角类在冬季处于滞育状态，很少出现。轮虫种类较多、出现率最高的是犀轮虫、多肢轮虫和几种臂尾轮虫。原生动物常见种类有侠盗虫、喇叭虫、钟形虫、草履虫和似袋虫等。桡足类主要是剑水蚤及其幼体。

二、越冬鱼类的生理状况

越冬期间，冰下水温为1～4℃，大多数养殖鱼类很少摄食，活动量减低，新陈代谢减缓，生长缓慢或停止。草食性鱼类在越冬池有天然饵料的条件下，整个越冬期均可少量摄食；其他鲤科鱼类在越冬期一般摄食很少；室内越冬的鱼类仍少量投喂。

越冬鱼类体重的变化依种类和规格而异。在静水越冬池中，滤食性鱼类在越冬后体重略有增加；而吞食性鱼类越冬后，体重有不同程度的下降。这可能与天然饵料的存在与否有关。相近规格的鱼类，草鱼减重率偏大，镜鲤次之，杂交鲤较小；同种鱼类，规格小的减重率偏大。如体长8.4cm的杂交鲤，减重率为18.3%；而体长15.1cm的杂交鲤，减重率仅在0.4%左右。

各种鱼类对低温的适应力是不同的，多数鲤科和鲑科鱼类在0.5℃以下会冻伤，小于0.2℃时开始死亡。鲈形目鱼类长期在水温低于7℃的水中会死亡。

三、影响鱼类越冬成活率的因素

鱼类在越冬期间出现死亡，是由于越冬鱼类体质差、鱼类本身对不良水环境的适应能力低、越冬池环境条件差、越冬期间缺乏管理等多种因素综合作用造成的。因此，必须全面分析鱼类越冬死亡的原因，采取相应的有效措施，预防鱼类越冬死亡，提高越冬成活率。

1. 越冬鱼类规格小、体质差　越冬鱼类规格小（如鱼种体长≤10cm），体内储存脂肪等营养物质少，不够越冬期消耗，造成鱼体消瘦死亡。黑龙江省东京城鱼种站试验，体重5～10g鱼种越冬成活率仅48%；20～30g鱼种成活率82%；30～50g鱼种成活率86.5%；50g以上鱼种成活率94.2%。生产实践证明，越冬鱼类规格≥12cm、鱼种体重100g左右较为适宜。

鱼种体质差，拉网并池过程中受伤后感染疾病，也是引起越冬死亡的原因之一。北方温水性鱼类越冬，在100～188d的越冬期内一般不摄食，维持鱼体代谢的能量主要来源于体内储存的脂肪，故要求1龄鱼种肥满度为2.4～2.5以上。

2. 越冬池水质差，耗氧因子多引起缺氧　一般认为，越冬水体严重缺氧是引起鱼类死亡的主要原因。如水体清瘦，浮游植物数量少，光合作用产氧量则少；水底淤泥太厚，水中溶解有机物较多，分解消耗大量氧气；水中浮游动物过多，消耗大量氧气；池塘放养密度过大；扫雪不及时或扫雪面积过小，透光度差；底泥中各种生物作用，使硫化氢、甲烷、氨氮等有害气体不断蓄积，导致水质恶化等。

3. 水温太低　越冬池长时间水温过低，影响鱼类的中枢神经系统，致其丧失呼吸机能死亡。鲤在水温突降到2℃以下时发生麻痹，体表黏液密布，失去活动能力，器官机能发生紊乱，呼吸代谢水平急剧降低。当水温降至0.5～0.2℃时，鱼体就会冻伤乃至冻死。所以当溶解氧告急时，长时间采用机械增氧，往往可使水温降至0.5℃以下，造成大量死鱼。

4. 病害与营养不良　越冬水体中各种病原或其孢子、休眠卵、幼虫等随水温升高而逐渐发育，大量繁殖；越冬前鱼病未治愈；越冬前未杀虫；某些病毒性鱼病在冬末春初易发病等因素，均影响鱼类越冬成活率。冬季发病率较高和危害较大的疾病，主要有细菌性败血症、竖鳞病和水霉病。

越冬前，长期投喂添加促生长剂的饲料，造成体内物质代谢障碍等症状的鱼类，抗应激力低，越冬死亡率高。此外，饲料配方不合理，其营养成分不能满足鱼类最低维持需要，鱼体免疫功能降低，造成鱼体瘦弱，而体质差的鱼类抵抗疾病和不良环境的能力较差，染疾病机会增加。鱼体内所蓄积的营养不足，越冬后期鱼类就会因为体能消耗殆尽死亡。

5. 越冬水体管理不善 鱼类越冬期间因管理不善或操作不当，引起鱼的成活率低，主要有以下几种情况：

（1）池底淤泥过厚，越冬前未清塘或未用底质改良剂处理池底；越冬并池时操作粗糙，鱼体受伤；并池时水温过低，造成鱼体冻伤；越冬鱼种入池时未进行消毒，使病原体带入越冬池中。

（2）越冬池封冰时，由于"雪封泡"造成乌冰而未能妥善处理，或忽视扫雪而影响浮游植物的光合作用，使溶解氧下降，二氧化碳上升。

（3）不注重对溶解氧和水位等进行检测，发生缺氧，使鱼类窒息死亡；或发生缺氧处理不当，盲目加水或循环水增氧时间过长，造成水温降低，而使鱼类冻死。

岗位技能

一、越冬池的准备

一般越冬池鱼类进池前准备和进池，大多在9月中旬至10月中旬，最晚不超过10月底。越冬池的准备，主要包括越冬池的选择、清淤、清杂、消毒等工作。

1. 越冬池的选择、清淤、清杂 选择长方形、东西走向、保水性好，面积1～1.33hm²的越冬池。要求越冬池注满水时的水深为3.0～4.0m，冰下水深2.0～2.5m。越冬池要求底质坚硬、平坦、保水力强，底泥厚度不超过20cm。越冬鱼类入池前要进行晾晒，清除杂草、杂物和清除过多的淤泥，整修堤坝。

2. 越冬池的消毒 越冬池必须进行严格的药物消毒，以杀死池中的敌害生物、野杂鱼和病原体，改善池底的透气性，加速有机物的分解和矿化，减少鱼病的发生。消毒药物最好选择生石灰，也可用含氯消毒剂消毒池水。

二、越冬鱼类规格及放养密度的确定

一般越冬池鱼种规格要求在10cm以上，微流水越冬池鱼种规格最好在15cm以上。越冬鱼类放养，一般在水温不低于5℃进行。

鱼类越冬方式有室内外流水越冬、网箱越冬和静水池塘越冬等。越冬方式不同，鱼种的放养密度也有差异。

1. 流水越冬 将泉水、河水或水库水引入越冬池，使鱼类在流水环境下度过低温季节。池水交换量同补给水的含氧量与池鱼的密度有关。交换周期太短，会导致水温偏低；注水量过大，则可能造成池鱼逆水，体耗加大。若越冬水的溶解氧量有保障，鱼的密度可大些，每立方米水体鱼种放养量可达1kg。

2. 网箱越冬 选择溶解氧丰富，水深合适的水库、湖泊等大中型水体为设置网箱地点。放鱼密度视水中溶解氧量而定，一般每立方米水体鱼种放养量可达5～10kg。网箱应设置在水温1℃的水层，盖网离水面1～1.5m。

3. 静水池塘越冬　将养殖鱼类置于池塘等静水的水体中越冬，如东北的泡沼、水库和湖泊等水体。这种方法由于水体静止、底质复杂、耗氧因素多，溶解氧量是决定能否安全越冬的限制因子。为使不缺氧，生产上常采取打冰眼、池水曝气、生物增氧等措施。因静水越冬池条件的不同，放养密度也有所差异。

当越冬池冰下平均水深2.0m以上时，鱼类越冬密度为每平方米1.0～1.5kg；冰下平均水深为1.5～2.0m时，鱼类越冬密度为每平方米水体0.7～1.0kg；冰下平均水深为1.0～1.5m、有补水条件时，鱼类越冬密度为每平方米水体0.5～0.6kg；温室越冬，可根据越冬期间补水、补氧及供暖条件具体掌握，一般密度为每平方米水体2.5～3.5kg。

三、提高越冬鱼类成活率的技术措施

1. 培养体质健壮的越冬鱼类　鱼体健壮肥满，耐寒抗病能力强，耐越冬期的消耗，因此，越冬死亡率低。在越冬前要精养细喂，增加脂肪积累，提高肥满度。临近秋末培育结束之前，对于高密度精养的杂交鲤，应在配合饲料中减少盐类的添加量，避免鱼种体内含水分过多。越冬鱼种应进行必要的锻炼，以排除过多水分，增强鱼种体质。并塘前5～6d停止投饵，还要拉网2次，锻炼鱼体，拉网扦捕宜选择在晴朗无风的日子。因为寒冷天气，鱼体易冻伤。青鱼、草鱼、鲢、鳙可以用网捕尽；鲤、鲫则要干塘捕，捕上的鱼种放入网箱。然后对不同种类的鱼，采用大小不同的鱼筛过筛分类，分规格、品种下塘。

鱼种体质的强弱，是影响越冬效果的主要因素。越冬期间，鱼种主要靠秋天体内积蓄营养维持生活。所以并塘拉网时，要进行鱼种体质强弱的挑选，把体质差、有病和受伤的鱼，剔除或专塘培育。严格进行鱼体消毒，尽量减少病、伤鱼。

2. 增氧

（1）生物增氧。利用冰下水体中适应低温、低光照的浮游植物，给其创造良好的繁殖和光照条件，使浮游植物较好地进行光合作用，产生氧气。一些越冬池营养盐含量低，应在12月追施无机肥，促进冰下适应低温环境的浮游植物繁殖，增加光合作用产氧量；池塘扫雪是利用生物增氧方法，使鱼类安全越冬的一个重要手段，无论是明冰或是乌冰，冰上的积雪都应及时清除，以保证冰下足够的光照，冰面积尘过厚时也要扫掉，扫雪或除尘面积应占全池面积的70%～80%；控制冰下水体的浮游动物的大量繁殖，也可以降低越冬池水的耗氧量，提高水体溶解氧水平。如果发现水体中有大量的剑水蚤时，可用浓度1mg/L的晶体敌百虫全池施用。施用时，先用水溶化，再用水泵均匀地冲入池中。

（2）适当补水增氧。越冬池由于渗漏，水量会逐渐减少，同时冰层下降，给鱼类安全越冬带来隐患。适当补加新水，不但可以保持水位，还可以稀释有毒物质和带入氧气。在补加新水时一次不宜过多（以10～20cm为宜），以免溢出冰层，影响冰面的透明度；也不要注水时间过长，防小鱼顶流、能量消耗过大。如原池导水增氧，时间不宜过长（一般不超过3h/d），防止水温下降过快。

（3）充气补氧。利用鼓风机或其他动力带动气泵，将空气压入设置在冰下水中的胶管中，通过砂滤器或微孔曝气管让空气呈很小的气泡扩散到水中，增加水中的氧量。近年来，有些小型静水越冬池或越冬温室，在发现水中缺氧时，利用氧气瓶直接将纯氧气通过胶管和砂滤器，呈细小气泡扩散溶于水中，进行缺氧时的临时急救。

（4）打冰眼。有些静水越冬池，在鱼类的越冬期间，用打冰眼的办法补充水中的氧量。

但经试验发现，空气中的氧向水中溶解扩散的速度很慢，且水面极易冻结，因此，在高寒地区当越冬池发生缺氧时，只靠打冰眼补氧是无济于事的，必须要结合其他更有效的补氧方法同时进行。

3. 其他管理措施

（1）定期监测越冬池中溶解氧量、有毒有害物质、冰下水位的变化，发现问题及时解决。

（2）要经常观察水色、透明度、水温、冰厚的变化情况。

（3）要注意闸门等处的渗漏情况。

（4）防止一切污水进入越冬池。

（5）防止越冬池冰面车、马和人经常走动，避免惊扰鱼类。

（6）水温较高（7℃以上）时，进行少量投喂。

（7）缩短越冬时间。春天开冰前，在冰面上撒一些煤灰等，促使冰提早开化，便于阳光直射进水体中，使水温能迅速回升。另外，当温度适宜时，应尽早投喂，或将鱼种捕出分池饲养，便于鱼类早适应环境，早生长。

4. 融冰期的管理　越冬池融冰后，由于温度的回升，鱼类活动增加，升温加剧，越冬池水也因鱼的密度大、水中有机质含量多而极易变坏。所以，早春开化后应尽快分池，把越冬鱼种放养到环境好、密度适宜的养殖池中进行正常喂养，防止春天死鱼现象的发生，及早恢复越冬鱼种的体质。主要采取以下防备措施：

（1）防止春季鱼病暴发。越冬后期由于水环境逐步恶化，温度上升，极易引起病原体的大量滋生，暴发出血病、竖鳞病、水霉病和斜管虫病等。应密切关注，及时采取防治措施。

（2）抵御大风、低温天气。北方开春解冻时，有时会有一段与冬季封冰时相近的寒冷气候，所以在遇寒冷、刮大风时，要加注深井水。

（3）对于不能及时分塘的鱼池，融冰后必须加强管理：

①及时清除漂于水面的死鱼和杂物。

②每 667m^2 用 15～20kg 生石灰化水全池泼洒，调节水质，沉淀有机物，降低浊度。

③用 1mg/L 浓度的漂白粉全池泼洒，杀灭病原体。

④适当投喂营养全面的饲料。

⑤尽快清整好鱼池，及时分池。

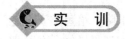 实　训

实训项目　越冬池塘冰下水体理化因子测定（三北地区）

1. 实训时间　1d。

2. 实训地点　越冬池塘。

3. 实训目的

（1）了解北方地区越冬池环境因子（理化因子及生物状况）。

（2）了解北方地区越冬池管理措施。

4. 实训内容与要求

（1）冰下理化因子的现场测定，内容包括：

①冰下不同水层水温的测定。

②透明度测定。

③溶解氧、pH 测定。

（2）冰下浮游生物检测，内容包括：

①浮游植物定性定量分析。

②浮游动物定性定量分析。

（3）同养殖场技术员座谈，了解越冬池管理措施。

5. 实训总结　撰写越冬池环境状况及管理措施相关报告。

综合测试

1. 填空题

（1）我国北方地区鱼类越冬池溶解氧的主要来源是_____；溶解氧的主要消耗有_____、_____、_____、_____。

（2）引起鱼类越冬期死亡的主要因素有_____、_____、_____、_____、_____。

（3）当越冬池冰下平均水深 2.0m 以上时，鱼类越冬密度为_____；冰下平均水深为 1.5～2.0m 时，鱼类越冬密度为_____；冰下平均水深为 1.0～1.5m、有补水条件时，鱼类越冬密度为_____；温室越冬，可根据越冬期间补水、补氧及供暖条件具体掌握，一般密度为_____。

2. 简述越冬池生物增氧的基本方法。

主 要 参 考 文 献

丁雷.2002.淡水鱼养殖技术［M］.北京：中国农业出版社.

戈贤平.2009.池塘养鱼［M］.北京：高等教育出版社.

黑龙江水产学校.1993.池塘养鱼学［M］.北京：中国农业出版社.

雷慧僧.1982.池塘养鱼［M］.上海：上海科学技术出版社.

雷慧僧.1997.池塘养鱼新技术［M］.北京：金盾出版社.

毛洪顺.2002.池塘养鱼［M］.北京：中国农业出版社.

申玉春.2008.鱼类增养殖学［M］.北京：中国农业出版社.

王武.2000.鱼类增养殖学［M］.北京：中国农业出版社.

谢忠明.1999.优质鲫养殖技术［M］.北京：中国农业出版社.

张杨宗.1989.中国池塘养鱼学［M］.北京：科学出版社.

张根玉，薛镇宇.2008.淡水养鱼高产新技术［M］.北京：金盾出版社.

赵子明.2007.池塘养鱼［M］.北京：中国农业出版社.

郑曙明.2000.养鱼全书［M］.成都：四川科学技术出版社.

Huilgol N. V. and Patil S. G. 1975. Hydrogen peroxide as a source of oxygen supply in the transport of fish fry ［J］. Progr. Fish-Cult. , 37（2）：117.

图书在版编目（CIP）数据

池塘养鱼/权可艳主编 . —北京：中国农业出版
社，2014.5（2024.1 重印）
中等职业教育农业部规划教材
ISBN 978-7-109-19062-7

Ⅰ.①池… Ⅱ.①权… Ⅲ.①池塘养鱼—中等专业学
校—教材 Ⅳ.①S964.3

中国版本图书馆 CIP 数据核字（2014）第 068404 号

中国农业出版社出版
（北京市朝阳区麦子店街 18 号楼）
（邮政编码 100125）
责任编辑 王宏宇

中农印务有限公司印刷 新华书店北京发行所发行
2014 年 9 月第 1 版 2024 年 1 月北京第 4 次印刷

开本：787mm×1092mm 1/16 印张：10
字数：235 千字
定价：33.00 元
（凡本版图书出现印刷、装订错误，请向出版社发行部调换）